Autotest zwischen Himmel und Hölle

Rüdiger Kammerhoff

Vorwort

Die Inspiration, ein Buch über meine beruflichen Erlebnisse zu verfassen, kam von Freunden, denen ich oftmals erzählen musste, wie ein Automobil entsteht. Was alles dabei zu berücksichtigen ist, wie viele Menschen daran jahrelang arbeiten und warum die Kosten so enorm sind.

Den letzten Anstoß jedoch lieferte mir der Konzern selbst.

Als in den 90er Jahren die ersten »Schweinereien« ans Tageslicht kamen, erinnerte ich mich mit Wut im Bauch an viele Dinge, die ich dort erlebt hatte. Die kleinlichen Erbsenzähler und kaltschnäuzigen Vorgesetzten, die unsereinen mit einem einzigen Federstrich manchmal um den gerechten Lohn brachten.

Wenn ich allerdings damals schon gewusst hätte, welche jahrelange Schwerarbeit (die natürlich auch Spaß gemacht hat) mir bevorsteht, dann hätte ich es mir vielleicht doch noch überlegt.

Heute aber, wo dieses Buch vor mir liegt, sage ich:

»Ich würde es jederzeit wieder tun.«

Leider unterliege ich nach Ansicht des Vorstands meines früheren Arbeitgebers auch 10 Jahre nach meinem Ausscheiden aus dem Unternehmen der Geheimhaltungspflicht. So verzichtete ich in diesem Buch im eigentlichen Teil meines Berufslebens auf die Benennung des Unternehmens und die darin vorkommenden Personen. Ebenso kann ich (wobei ich diesen Passus nachvollziehen kann) gewisse Arbeits- und Geschäftsprozesse aus Wettbewerbsgründen nicht preisgeben.

Allerdings sehen das namhafte Juristen völlig anders. Sie sehen die Geheimhaltungspflicht eines Arbeitnehmers mit dem Ausscheiden aus dem Betrieb als erloschen an. So hat der Bundesgerichtshof in einem ähnlichen Fall entschieden, dass jeder Arbeitnehmer ohne Weiteres allein aus seinem Gedächtnis heraus über seine Tätigkeiten berichten darf, wie es bei mir in diesem Buch der Fall ist.

Deshalb hoffe ich, dass Sie, als Interessent(in) für Automobile, in diesem Buch auf Ihre Kosten kommen. Sie erfahren umfassend, welche Anstrengungen ein Automobilhersteller unternehmen muss, bis das Auto allen Zulassungskriterien entspricht und dementsprechend im Verkaufsraum des Händlers präsentiert werden kann.

Sehen Sie mir also bitte nach, dass Sie nicht erfahren dürfen, um welche Fahrzeugmodelle es sich bei den hier im Einzelnen geschilderten Erprobungen gehandelt hat.

Bei meinem Tätigkeitsbeginn im Januar 1969 benötigte man für die Neuentwicklung eines Modells fast sieben Jahre. Bei meinem Ausscheiden im August 2003, dank modernster Computerprogramme, nur noch 2,5 Jahre und das mit weniger Mitarbeitern als damals.

Dass die Mitarbeiterzahl heute in der Autoentwicklung trotzdem stark angestiegen ist, lässt sich erklären. Es werden heute viel mehr Modelle parallel und dazu noch vermehrt länderspezifisch entwickelt, die das gesamte Erprobungsprogramm mit 0-Fehlerquote durchlaufen müssen. Außerdem werden immer mehr die Kundenwünsche in den Vordergrund gestellt.

Ich habe das Buch so gegliedert, dass im ersten Teil die Philosophie des Konzerns gegenüber dem Humankapital, wie es gerne genannt wird, und die Rollen von Politik und Gewerkschaft beschrieben werden. Ganz bewusst habe ich auf den ersten Blick unbedeutende Ereignisse geschildert, doch gerade sie zeichnen ein signifikantes Bild von den moralischen Zuständen.

Im zweiten und eigentlichen Teil beschreibe ich meinen Werdegang zum und im Berufsleben als Versuchsingenieur. Sie erfahren, wie ein neues Auto entsteht - mit allen Höhen und Tiefen, die es dabei zu überwinden gilt.

Rüdiger Kammerhoff

Königslutter, August 2012

1. Kapitel

Wo war ich im Jahr 1961 nur gelandet? ... frage ich mich aus heutiger Sicht.

> *Als Konzern (aus engl. concern »Firma, Unternehmen; Interesse", das letztlich auf lat. concernere »(ver-)mischen" zurückgeht) bezeichnet man den Zusammenschluss eines herrschenden und eines oder mehrerer abhängiger Unternehmen zu einer wirtschaftlichen Einheit unter der Leitung des beherrschenden Unternehmens, wobei jede Unternehmung eine eigene Bilanz- und Erfolgsrechnung hat. Dafür geben die einzelnen Unternehmen ihre wirtschaftliche und finanzielle Unabhängigkeit auf. Rechtlich bleiben die Unternehmen selbstständig. Die dabei verbundenen Unternehmen nennt man Konzernunternehmen (auch Holding). Der Konzern wird von der Kooperation abgegrenzt, der es regelmäßig an einer einheitlichen Leitung fehlt. (Wikipedia)*

Der älteste Konzern auf Gottes Erden (und nebenbei auf allen Fronten – Moral und Humanität ausgenommen) ist die katholische Kirche. Der strategische und ökonomische Erfolg dieses Konzerns ist unerreicht. Abspaltungen und Abtrünnige gab es zuhauf, das Vermögen konnte aber keiner der Ketzer an sich reißen – das blieb in Rom – auf ewige Zeiten. Der politische Einfluss dieses kleinsten Staates der Welt (seit 1929) ist um ein Vielfaches höher, als gemeinhin bekannt. Papst Julius III klärte schon seinen Sohn darüber auf, was von den (weltlichen) Herrschenden zu halten sei, Zitat:

> *»Du weißt nicht mein Sohn, mit wie wenig Verstand diese Welt regiert wird.«*

Auf Volkswagen trifft dies – trotz oder wegen staatlichen Einflusses, da scheiden sich die Geister- mit Sicherheit nicht zu. VW ist Deutschlands größter Konzern (13. der Weltrangliste) und nach Toyota der zweitgrößte Automobilkonzern der Welt. 2011 wurde ein Umsatz von 160 Mrd. Euro erzielt, die Eigenkapitalrendite (25 %) lag bei über 10 %. Die Geschäfte laufen also wie »geschmiert«.

Was aber ist so Besonderes am VW-Konzern? Der unbezahlbare Glücksfall (um Missverständnissen vorzubeugen, das gilt für die gesamte Deutsche Industrie), dass Hitler ein Heer von

Zwangsarbeitern um einen Hungerlohn zur Verfügung stellte? Nein, denn von der Lufthansa über Mercedes und Tausenden anderer Unternehmungen haben alle skrupellos vom NS-System profitiert und werden nicht gern daran erinnert.

Es bedurfte jahrzehntelangen Insistierens, bis sich die Rechts- und sonstigen Nachfolger diesbezüglich zu einem minimalen Bekenntnis durchrangen, und so den Aufwand in Grenzen hielten. Ein Großteil des (finanziellen) Problems hatte sich nämlich inzwischen biologisch gelöst. Beim Jüngsten Gericht findet kein Kläger mehr ein offenes Ohr.

Was ist es dann? War es tatsächlich der klassische Volkswagen, der Käfer? Vermutlich spielen alle Faktoren zusammen und darin liegt nichts Verwerfliches (wenigstens nicht mehr, als bei den anderen Deutschen Großunternehmen auch). Und trotzdem haftet dem VW-Konzern etwas an, wenn es auch nur symbolisch sein mag, dass ihn von anderen unterscheidet. Er ist so etwas wie die deutsche Visitenkarte auf der Welt. Da kann der gute Stern auf allen Straßen sagen was er will – es ist eine unbestreitbare Tatsache.

Wolfsburg als die heimliche Hauptstadt zu bezeichnen, wäre eine Vermessenheit. Doch wie viele Gesetzesvorlagen wurden in dieser Stadt, wenn auch nicht geschrieben, so doch erheblich beeinflusst? Das vermag man nur zu erahnen. Welche Privilegien VW in der deutschen politischen Landschaft genießt, zeigt allein der Umstand, dass ein Gesetz den Namen eines Vorbestraften trägt: Peter Hartz ist einer, der aus dem VW-Stall kommt und nebenbei eine rechtskräftige Verurteilung erlitt. Doch ihm kann ein gerichtliches Strafverfahren nichts anhaben. Man steht über den Dingen. Und da gibt und gab es einiges zu berichten (von dem, über das nicht berichtet wird oder wurde, kann man nur spekulieren). Eine keineswegs vollständige Liste über die »VW Eskapaden« sei hier zu Papier gebracht.

Normal lief damals im VW-Konzern seit Wochen nichts mehr. Erst der Rückzug von Klaus Volkert (Chef des Betriebsrates), der en passant erklärte, dass er federführend an einer Tarnfirma für VW mitgewirkt hatte, und schließlich auch noch die »Reiseführertätigkeit« (Sparte Schambeingegend) des Klaus-Joachim Gebauer. Seine eigentliche Aufgabe bei VW bestand hauptsächlich im Veranstalten von Vergnügungsreisen für

Die VW-Affäre im Bildüberblick

NDR Bericht vom 27.03.2012 11:30 Uhr

Hartz vorm Landgericht

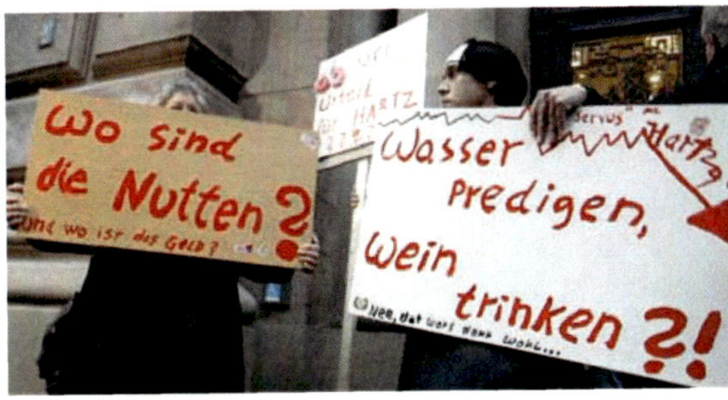

Plakativer Empfang

Kein Knast für Hartz?

Betriebsräte - wodurch diese, vereinfacht ausgedrückt - gekauft wurden wie anno dazumal die Söldner.

Als das bekannt wurde, überfiel so manchen von uns die blanke Wut. Bei Löhnen und Gehältern lautete die Devise stets: »Wir müssen sparen, zusammenstehen - die Zeiten sind schwer.« Jetzt wurde klar, wofür wir den Gürtel enger geschnallt hatten: Für die Halbwelt-Damen der oberen Etagen! Nicht nur das Ansehen von VW, auch dass der Mitarbeiter sank rapide. Im Betrieb wurde darüber diskutiert, wie so etwas trotz kostspieliger Revisionsabteilung durchgezogen werden konnte.

Wir erkannten, wie wir jahrelang in den Betriebsversammlungen manipuliert wurden, wenn Volkert großspurig auf den Vorstand eindrosch. Wir hofften alle, dass sich dieser Imageverlust nicht auf unsere Kunden durchschlagen würde und die Leidtragenden letztlich die Belegschaft sein würde.

Noch am Abend, bevor die Bild-Zeitung darüber berichten wollte, saß Peter Hartz bis Mitternacht im Büro und sinnierte nach einem Spiegel-Bericht darüber, gleich die gesamte Bild-Auflage aufzukaufen. Möglicherweise kam ihm in einem hellen Moment die Erkenntnis, dass er damit (abgesehen vom finanziellen Aufwand - der für ihn sicher zweitrangig war) die Verbreitung der schlechten Nachricht nur potenziert hätte. Das alles bewies die Brisanz dieser Affäre.

Schlussendlich bot Personalvorstand Peter Hartz seinen Rücktritt an. Da war allerdings die Tatsache, dass Hartz für die Reisekosten einer Prostituierten die Firmenkasse beanspruchte, bereits Tagesgespräch. Da konnte auch ein Bauernopfer den »Gesetzgeber«-Hartz nicht mehr retten.

Im Volkswagen Konzern wurden die Zugbrücken hochgezogen, nachdem die Geschichte virulent geworden war. Die Unterleibsgeschichten, die ihren Ursprung in der Wolfsburger Konzernzentrale genommen hatten, stießen den Managern jetzt bitter auf. Der »Kauf« des Betriebsrates wollte so gar nicht zum sozialen Gesinnungsbild von VW passen. Wie auch immer, es herrschte Schweigen im Walde – ob Portier, Fließbandarbeiter oder Oberbuchhalter, der »Omertà« wurde konsequent Rechnung getragen – schweigend. Über 50.000 Menschen so zu vergattern – was muss hier für eine geballte Macht dahinter gestanden haben.

Wenn ein Politiker das Scheinwerferlicht der Kameras von sich weist, wie CDU-Oberbürgermeister Rolf Schnellecke, dann weiß auch der letzte Pappkamerad, was es geschlagen hat. Nur eine Durchhalteparole lässt er verkünden: »Wolfsburg ist nicht irgendeine Stadt, es gibt eine Schicksalsgemeinschaft mit dem Konzern - in guten wie in schlechten Zeiten.«

Dass der »CDU Filzokrat« Schnellecke Millionengeschäfte mit VW betreibt und einen kräftigen Reibach einheimst, das wird im »Kampfaufruf« nicht erwähnt.

Die wahren Machthaber im VW-Konzern sind die IG Metall (Betriebsrat), die mit zwei zusätzlichen Stimmen (die meist aus den von der Landesregierung bestellten Aufsichtsräten rekrutiert wurden) die einfache Mehrheit stellten. Ohne den Betriebsrat ging nichts. So kam keine Entscheidung gegen den Willen des Betriebsrates zustande, plaudert ein »altgedienter« Gewerkschafter aus der Interna. Seit mehr als einem Vierteljahrhundert im Betrieb weiß er, dass dort ein System wie in der DDR herrschte. Das könne zu keinem guten Ende kommen, denn diese Verstrickungen der Interessen von Arbeitgeber und Gewerkschaft seien widernatürlich und der Filz ende zwangsläufig in Korruption – wie weitsichtig der Mann, der es wissen musste, doch war. Doch auch der Vorstand fuhr gut mit dem »System VW«: »In den letzten Jahren hat das Management meist uns Betriebsräte in die Werkshalle geschickt, wenn es unangenehme Nachrichten zu verkünden gab«, erklärte Bernd Osterloh trocken. Er war der frisch gekürte Betriebsratschef und Nachfolger des zurückgetretenen Volkert.

Übrigens war Osterloh zuvor unter Volkert bereits Betriebsrat. Was wusste er von den Machenschaften seiner Kollegen? Hatte er selbst daran teilgenommen oder nur weggeschaut und bewusst nicht die Notbremse gezogen? Alles unbeantwortete Fragen. Trotzdem wählte ihn die Masse der IG Metall-Mitglieder zum Volkert-Nachfolger. Ich habe irgendwann einmal das Wort Stimmvieh vernommen ...

Dazu der STERN in seiner Ausgabe 29/2005

In keinem anderen Konzern hat die IG Metall so viel Macht wie bei VW. Mehr als 90 Prozent der Beschäftigten sind Mitglied der Gewerkschaft. Keine Lohnerhöhung, keine Versetzung aus der Produktion in eine Fachabteilung geht ohne Zustimmung eines der 60 IG Metall-Betriebsräte über die Bühne. Personalvorstand Peter Hartz war IG Metall-Mitglied - und bei seinem Nachfolger darf die IG Metall wieder ein gewichtiges Wort mitreden. »Die Kiste läuft doch so«, sagt Betriebsrat W. »Bei Lohnerhöhungen oder Versetzungen wird ganz genau geguckt: Ach, der Meier ist nicht Mitglied der IG Metall. Und dann erfindet man halt irgendwelche Dinge, warum man nicht zustimmen kann.« Die Sekretärin Britta M., seit 23 Jahren bei VW, erinnert sich, wie sie eingestellt wurde: »Neben dem Arbeitsvertrag lag gleich das Beitrittsformular für die Gewerkschaft, ich dachte, da muss man unterschreiben.« Bei manchen Arbeitern im Werk heißt die IG Metall deshalb schon »Rote Armee«. Zumal die Beschäftigten bei Betriebsratswahlen gar nicht einzelne Kandidaten wählen können, sondern nur ganze Listen: entweder IG Metall oder die Winzlinge von der Christlichen Gewerkschaft beziehungsweise den Unabhängigen Betriebsräten.

Einer der wenigen, die sich derzeit in Wolfsburg trauen, ihren Namen und ihre Meinung zu sagen, ist Eitel Harnack. Der VW-Arbeiter aus der Stahlräderfertigung schrieb vergangene Woche einen Leserbrief an die Lokalzeitung: »Inzwischen glaube ich immer mehr, dass man uns verkauft. Das zu erreichen geht nur, indem man Betriebsräte kauft, und das fängt schon damit an, dass Betriebsräte Dienstautos zur Verfügung gestellt bekommen.« Harnack fragt: »Wie kann man objektiv sein, wenn das Unternehmen Dienstwagen und womöglich andere Dinge zur Verfügung stellt?« Für den VW-Arbeiter und ehemaligen IG Metall-Vertrauensmann sind die Betriebsräte heute eine ziemlich abgehobene Schicht. »Wie mein Betriebsrat heißt, weiß ich gar nicht. Gesehen hab ich ihn auch noch nicht. Er sitzt aber, glaube ich, in Halle 42.« Harnack sagt, viele Kollegen hätten das Gefühl, dass der Betriebsrat mehr aufseiten des Unternehmens stehe als aufseiten der Beschäftigten. »Der Hartz, der Schuster und der Volkert, die haben sich doch alle geduzt. Das stört mich. Es muss doch eine Trennung sein zwischen Arbeitnehmerseite und Arbeitgeber.«

Hartz mit Anwalt Egon Müller

Doch Knast für Hartz?

Es gibt auch einen IG Metall-Betriebsrat, der bereit ist, sich zu treffen. Er schickt eine SMS und schlägt vor: »10 Uhr, Café Extrem, Breslauer Straße.« Als er kommt, bittet auch er darum, nicht mit Namen genannt zu werden. »Meine Person tut nichts zur Sache.« Was Klaus Volkert gemacht hat, sei »Verrat«. »Das ist Missbrauch der Mitbestimmung.« Jetzt fürchtet der IG Metall-Betriebsrat, dass durch die Korruptionsaffäre die einzigartige Zusammenarbeit bei VW von Betriebsrat und Vorstand für immer zerstört wird. »Das System VW bedeutete für uns: Management und Belegschaft gegen den Rest der Welt.«

Lange Zeit galt dieses System tatsächlich als Erfolg: Während der Rest der Welt, zum Beispiel Siemens, unter dem Druck der Globalisierung Tausende Stellen abbaute, führte Hartz in Wolfsburg die Viertagewoche ein. Der Rest der Welt war kalt und neoliberal. In Wolfsburg war man solidarisch und sozial. Damals gab es Betriebsversammlungen, auf denen die Leute aufstanden, Volkert applaudierten und Hartz feierten. VW schien möglich zu machen, was andernorts immer schwieriger wurde: erfolgreich zu sein - ohne jemanden zu entlassen. Die Arbeiter verdienten mit der Viertagewoche jährlich bis zu 4000 Euro weniger.

Aber dank des großzügigen Haustarifs hatten sie immer noch mehr Geld als andere Metaller. Ein VW-Arbeiter in der Lackiererei verdient mit Zuschlägen rund 2900 Euro brutto im Monat.

Doch die Erfolgsstory begann in den 90er Jahren zu schwächeln, Sonderzahlungen wurden gekürzt, Zuschläge gestrichen. Bei der letzten Tarifverhandlung gab es keine Lohnerhöhung. Demnächst sollen gar Nachtschichten auslaufen und damit auch die Zuschläge eingespart werden. Das Stammwerk in Wolfsburg ist heute nur zu 60 Prozent ausgelastet, die Kosten liegen um 40 Prozent höher als bei der Konkurrenz, die VW-Fahrzeugproduktion schreibt Verlust. »Seit Jahren hören wir nur eins: Ihr seid zu dumm, zu teuer, zu viele«, sagt der Ingenieur Markus S. Und wenn man sich beim Betriebsrat beschwere, bekomme man nur eine Antwort: »Seid froh, dass ihr bei VW seid, euch geht›s gut.«

Die Kluft zwischen Image und Wirklichkeit, zwischen den glitzernden Türmen des Erlebniscenters »Autostadt« und dem Frust in den Montagehallen nebenan, zwischen Funktionären und Arbeitern, wird immer größer. Ein Symbol dafür sind auch die Dienstwagen. Während bei DaimlerChrysler in Stuttgart nur der Betriebsratsvorsitzende und sein Stellvertreter einen bekommen, haben in Wolfsburg alle 67 Betriebsräte darauf Anspruch. Der IG Metall-Betriebsrat im Café Extrem reagiert auf dieses Thema ziemlich empfindlich. »Ich finde, die Dienstwagen sind ein völlig unwichtiges Detail«, sagt er. »Das Werk ist riesengroß, da braucht man eben Dienstwagen, um mit seinen Arbeitern in Kontakt zu bleiben.« Und unwirsch fügt er an: »Ich habe keine Lust, mit Ihnen über so einen Scheiß zu reden.«

Unter den VW-Arbeitern sind die Dienstwagen ihrer Betriebsräte aber sehr wohl ein Thema. Und manche erzählen, dass dahinter ein Deal stecke: Als die Führungskräfte des Konzerns einen zweiten Dienstwagen bekommen sollten (intern »Hausfrauenauto« genannt), hätte der Betriebsrat die Sache abgesegnet - und im Gegenzug selbst Anspruch auf Dienstwagen erhalten. Der Betriebsrat wollte sich dazu im Stern nicht äußern.

Ende vergangener Woche wandte sich die Wolfsburger IG Metall in einem offenen Brief an die VW-Arbeiter. »Liebe Kolleginnen und Kollegen«, schreibt die IG Metall-Geschäftsführung, »was ihr derzeit tagtäglich in den Medien lesen und hören müsst, ist unglaublich - es erschüttert und schmerzt, macht wütend und verunsichert. Wir wollen, dass alles, was derzeit an Vorwürfen im Raum steht, schnellstens und lückenlos aufgeklärt wird - da darf nichts, aber auch gar nichts unter den Teppich gekehrt werden.« Gleichzeitig bitten die Gewerkschafter aber auch um »Verständnis dafür, dass wir uns zu den einzelnen Vorwürfen nicht äußern, solange die Prüfung nichts Konkretes ergeben hat. Eines versprechen wir euch aber bereits jetzt: Wer Mist gemacht hat, muss dafür geradestehen«.

Auch der örtliche SPD-Bundestagsabgeordnete Hans-Jürgen Uhl hat leider gar keine Zeit, Auskunft zu geben. Dabei dürfte Uhl viel wissen: Seit 1990 war er Geschäftsführer des Gesamtbetriebsrats, von 1999 bis 2003 sogar Generalsekretär des Welt-Konzernbetriebsrats bei VW. Noch heute erhält der Bundestagsabgeordnete Uhl monatlich Geld von VW. Sein Wahlkreisbüro liegt am Rand der Wolfsburger Innenstadt. Neben Uhls Plakat hängt hier auch das des SPD-Landtagsabgeordneten Ingolf Viereck, der bis Anfang des Jahres ebenfalls ein Gehalt von VW bezog. In Uhls Büro sitzt sein Mitarbeiter Dirk Roller. Wo ist denn Herr Uhl? »Der ist mal da und mal da«, antwortet Roller abwehrend. Kann man ihn sprechen? »Nein. Zu VW sagt er nichts.« Und wieso nicht? »Weil's nichts zu sagen gibt.« Wo ist der Herr Uhl denn jetzt genau? »Bei der SPD-Unterbezirkssitzung.« Und wo findet die statt? »Das darf ich Ihnen nicht verraten, das ist geheim.«

Am Samstagvormittag muss Uhl aber öffentlich auftreten: In Hannover hält die SPD ihren Landesparteitag ab, wo sein Platz auf der Landesliste festgelegt wird. Auf der Bühne lästert Bundeskanzler Schröder über die »Penner« von der CDU, und der SPD-Abgeordnete und VW-Betriebsrat Hans-Jürgen Uhl sitzt mit roter Krawatte in Reihe drei. »Was soll ich schon mitbekommen haben?«, fragt Uhl. »Ich kenne keine Vergnügungsreisen.«

Ob er denn ausschließen könne, dass VW-Betriebsräte auf Firmenkosten zu Prostituierten gegangen seien? Uhl schweigt lange und sucht nach einer Formulierung: »Ich finde es unglaublich. Ich weiß es nicht. Ich bin aber in einem Alter, wo man alles für möglich hält.«

Was der Abgeordnete Uhl dagegen für »ein echtes Problem« hält, sei die derzeitige Berichterstattung über VW, die dazu führen könnte, dass Spendengelder für das Straßenkinderprojekt des VW-Betriebsrats zurückgehen. »Und das trifft dann wirklich die Lebenschancen von Straßenkindern in Brasilien und Mexiko.«

Markus Grill und Doris Schneyin *im Stern*

Eine Chronologie der »Vorkommnisse« bei Volkswagen:

1990

Devisenskandal - Der Chef der VW-Devisenhandelsabteilung, Burkhard Junger, der Frankfurter Börsenmakler Hans-Joachim Schmidt sowie drei Mittäter werden zu Haftstrafen verurteilt. Sie hatten Volkswagen drei Jahre zuvor mit Devisengeschäften einen Schaden von mehr als 170 Mill. € beschert.

25. Juni 2005

Erste Berichte über eine Schmiergeld-Affäre bei Volkswagen. Hauptpersonen sollen der Ex-Personalchef der tschechischen VW-Tochter Skoda, Helmuth Schuster sowie VW-Personalmanager Klaus-Joachim Gebauer, sein.

Volkert und sein VW-Zahlmeister Gebauer vor Gericht

Piëch vor Gericht: »Ich wusste von nichts!«

28. Juni 2005

Volkswagen erstattet Anzeige bei der Staatsanwaltschaft Braunschweig gegen Schuster. Er soll Schmiergeld von Zulieferfirmen gefordert haben. Zudem soll er über Strohmänner und ein Geflecht von Tarnfirmen in die eigene Tasche gewirtschaftet haben. Auch gegen Gebauer ermittelt die Justiz.

30. Juni 2005

Betriebsratschef Klaus Volkert tritt zurück.

5. Juli 2005

Medien berichten, der VW-Vorstand habe dem Betriebsrat teure Luxusreisen ins Ausland zugeschanzt. Dafür seien Betriebsräte bereit gewesen, Vorstandsbeschlüsse mitzutragen. VW-Arbeitsdirektor Peter Hartz weist die Vorwürfe zurück.

8. Juli 2005

Hartz bietet seinen Rücktritt an.

28. Juli 2005

VW stellt Strafantrag wegen des Verdachts der Begünstigung von Betriebsräten.

31. Juli 2005

Gebauer erklärt, er habe für Betriebsräte auf VW-Kosten Besuche in Nobelhotels und in Nachtklubs organisiert. Er habe im Auftrag des Vorstands gehandelt.

5. August 2005

Der VW-Aufsichtsrat nimmt den Rücktritt von Hartz an.

29. März 2006

Aufsichtsratschef Ferdinand Piëch sagt bei der Staatsanwaltschaft aus. Er war nach Angaben seines Anwalts selbst auf die Justiz zugegangen und betonte sein Interesse an einer lückenlosen Aufklärung. Vor allem Vorwürfe bezüglich falscher Abrechnungen fallen in seine Zeit als VW-Chef. Piëch sagt, er habe davon nichts gewusst.

9. Oktober 2006

Hartz räumt eine »strafrechtliche Verantwortlichkeit für Begünstigungen des ehemaligen Betriebsratsvorsitzenden« ein.

15. November 2006

Die Staatsanwaltschaft Braunschweig erhebt Anklage gegen Hartz wegen Untreue in 44 Fällen.

11. Dezember 2006

Gut eineinhalb Jahre nach Aufdeckung der VW-Affäre wird mit dem 17. Januar der Termin für den ersten Prozess festgelegt. Nur zwei Verhandlungstage sind terminiert, Zeugen und Gutachter nicht geladen. Als Grund nennt die Justiz vor allem das Geständnis von Hartz.

25. Januar 2007

Hartz bestätigt vor Gericht, den früheren Betriebsratschef Volkert »gekauft« zu haben. Er wird zu einer zweijährigen Freiheitsstrafe auf Bewährung und einer Geldstrafe von 360 Tagessätzen verurteilt - 576 000 Euro.

5. März 2007

Die Staatsanwaltschaft Braunschweig erhebt Anklage gegen Volkert und Gebauer.

14. Juni 2007

Der SPD-Bundestagsabgeordnete und frühere VW-Betriebsrat Hans-Jürgen Uhl wird in der VW-Affäre wegen Beihilfe zur Untreue und falscher eidesstattlicher Versicherung vom Amtsgericht Wolfsburg zu 39 200 Euro Geldstrafe verurteilt. Gebauer erhebt in dem Prozess schwere Vorwürfe gegen den SPD-Landtagsabgeordneten und Betriebsratschef bei VW-Nutzfahrzeuge Günter Lenz.

09. August 2007

Lenz muss 11 250 Euro Geldstrafe zahlen. Das Amtsgericht Wolfsburg verurteilt ihn mit einem Strafbefehl wegen Beihilfe zur Untreue in zwei Fällen - ohne Prozess. Ebenso wie Uhl hatte er auf VW-Kosten die Dienste von Prostituierten in Anspruch genommen.

15. November 2007

Der nächste Prozess in der Affäre beginnt. Volkert und Gebauer müssen sich wegen Anstiftung zur Untreue und Untreue vor dem Landgericht Braunschweig verantworten.

22. Februar 2008

Das Braunschweiger Landgericht verurteilt Volkert wegen Beihilfe und Anstiftung zu Untreue und Betriebsratsbegünstigung zu einer Freiheitsstrafe von zwei Jahren und neun Monaten. Gebauer wird wegen Untreue, Betriebsratsbegünstigung und Anstiftung zur Untreue zu einer einjährigen Strafe verurteilt, die auf Bewährung ausgesetzt wird. Die Verteidiger kündigen an, dass sie Revision einlegen wollen.

Die Liste mit den Skandalen und *Skandälchen* erhebt naturgemäß keinen Anspruch auf Vollständigkeit, allerdings gibt es zahllose Unregelmäßigkeiten und Verstöße gegen die »Kleinen«, zu denen auch ich mich zähle. »Führe keine Neiddebatte!«, höre ich so machen sagen. Doch ich behaupte, das hat nichts mit Neiddebatte zu tun, sondern in erster Linie mit Gerechtigkeit und zum Zweiten, und dies ist sicher von enormer Bedeutung, mit dem Betriebs- und Arbeitsklima. Hier ließen sich die so beliebten Deckungsbeiträge enorm steigern, denn der Frust am Arbeitsplatz ist ein gewaltiger Kostenfaktor. Ein motivierter Mitarbeiter leistet oft mehr als 2 frustrierte. Außerdem vermehrt sich diese Einstellung in einem Betrieb wie ein Bazillus.

Die Eigentümer von Porsche sind die Familien Piëch und Porsche. Als vor zwei Jahren Porsche VW in geheimer Mission, aber sicherlich mit Wissen der Porsche-Eigentümer, schlucken wollte, türmten sich bei Porsche infolge der hochspekulativen Aktion Milliarden Euro an Schulden auf. Was lag da nach diesem Desaster für VW näher, als, um das Geld noch zu retten, Porsche zu inhalieren - samt riesigem Schuldenberg wurde Porsche von VW übernommen. Es blieb ja letztlich alles in der Familie. Ein Porsche Eigentümer war zugleich VW-Aufsichtsratschef und der andere Eigentümer saß im VW-Aufsichtsrat - alle selbstverständlich unabhängig. Um die Sache abzurunden, wurde jetzt auch noch die gelernte Kindergärtnerin und Ehefrau des VW-Aufsichtsratsvorsitzenden mit in den VW-Aufsichtsrat geholt, um sich die Mehrheit bei entscheidenden Abstimmungen zu sichern. »Verkauft« wird die eingeleitete Verschmelzung durch die jetzt erst als notwendig erachteten Kosteneinsparungen bei der Beschaffung von Kaufteilen.

Diese Kooperation gab und gibt es seit ewigen Zeiten. Von Beginn meiner Berufslaufbahn an, hatte ich viel mit Porsche zu tun. Anfang der 70er Jahre entwickelten wir gemeinsam den legendären VW-Porsche 914, bei dem die Vereinheitlichung von Teilen begann und sich kostengünstig fortentwickelte. Besonders Porsche profitierte davon, weil dort wesentlich geringere Stückzahlen anfielen. Letztendlich führte es, dank des »unabhängigen« VW-Aufsichtsratsvorsitzenden, dazu, dass Porsche auf VW-Kosten ganze Fahrzeuge auf VW-Bändern bauen ließ und somit enorme Fertigungskosten zulasten von VW einsparte.

An dieser Stelle seien die Fakten eines *sogenannten privilegierten* VW-Mitarbeiters einmal aufgezeigt. Es geht dabei nicht nur um materielle Dinge, sondern vielfach um die Frage: Wie wird mit dem Humankapital (das ja für jeden Betrieb von größerer Bedeutung ist) umgegangen. Das monatliche Vergütungsspektrum eines Versuchsingenieurs reichte bei meiner Einstellung von der Gehaltsstufe 7 = 1.350,00 DM bis zur Tarifendstufe 12 = 2.400,00 DM, wobei nur bei der Ersteinstufung bei Neueinstellungen das Studium und der jeweilige Abschluss noch Berücksichtigung fanden.

Mein vereinbartes Gehalt lag geringfügig über meinem letzten Lohn als Maschinenschlosser. Zusätzlich gab es die Zusage, dass ich bei entsprechender Bewährung nach sechs Monaten finanziell besser gestellt würde. Bedingung für meine Festeinstellung war eine 3-monatige Probezeit und, wie in Großbetrieben allgemein üblich, ein Gespräch mit dem Betriebsrat, dem es, wie ich feststellen musste, überhaupt nicht um die Qualifikation, sondern nur um den Beitritt in die Gewerkschaft IG Metall ging. Dazu war ich dann de facto gezwungen, sonst wäre ich mit Sicherheit nicht eingestellt worden. Seit eh und je hatte der Betriebsrat Einfluss beim Vorstand. Während in anderen Unternehmen die Betriebsräte im Keller ohne Außenlicht schmorten, saßen unsere ca. 100 Betriebsräte in klimatisierten Büros. Selbstverständlich waren sie von der Arbeit freigestellt und genossen Sekretärinnen, Dienstwagen und Luxusreisen, ohne direkt an unseren Produkten mitzuarbeiten bzw. oder etwas zur Wertschöpfung beizutragen.

Später dann wurde ich von über 80 Kollegen gedrängt, als Vertrauensmann der IG Metall zu kandidieren, sodass ich dieses Amt dann 13 Jahre an »der Backe« hatte. Was ich zu diesem Zeitpunkt nicht ahnte, war, dass meine kleineren Chefs zu der IG Metall und zu den Betriebsräten bzw. Vertrauensleuten ein gestörtes Verhältnis hatten. So kam es, dass ich mich zwangsläufig durch das Vertreten der Gewerkschaftsinteressen in Gehaltsfragen bei meinen Chefs in die Nesseln setzen musste. Das widerum führte später dazu, dass ich selbst oft bei Beförderungen das Nachsehen hatte. Auf dem Papier stand, dass Betriebsräte oder Vertrauensleute durch Ausübung ihres Amtes im Betrieb keine Nachteile haben dürfen. Die Realität sah anders aus, sodass ich durch meinen Abteilungsleiter zwei Mal gezwungen wurde, für mich selbst einen Antrag an die betrieblich eingerichtete Gehaltskommission zu stellen, um ein höheres Gehalt zu bekommen. Da meinem Antrag von dieser Kommission, die aus zwei Betriebsräten und zwei Leuten von der Personalabteilung bestand, stattgegeben wurde, musste ich mir durch Effizienzsteigerung das Wohlwollen meiner nachtragenden Chefs erkämpfen.

Es wurde also dank der mächtigen IG Metall-Gewerkschaft bei der Einstellung nicht nach der Qualifikation bezahlt, sondern aufgrund der ausgeübten Tätigkeit, die ein Abteilungsleiter zuteilte.

Das mag logisch erscheinen – öffnete jedoch der *Speziwirtschaft* Tür und Tor. So wurde ich im Laufe meines Arbeitslebens oft Zeuge, wie frisch bei uns eingestellte, hoch qualifizierte junge Leute, bei Konjunktureinbrüchen vor die Wahl gestellt wurden, das Unternehmen gleich wieder zu verlassen oder alternativ in die Produktion als Bandarbeiter zu wechseln.

Da diese Mitarbeiter oft Familie hatten, blieb ihnen natürlich nichts anderes übrig, als zum Bandarbeiter degradiert zu werden. Dabei spielte eine Rolle, dass ängstliche Abteilungsleiter in diesen Personen eine Konkurrenz für sich sahen und um ihren eigenen Job fürchteten. Treue IG–Fans standen dabei natürlich unter Naturschutz.

Marionette von Piëch: Winterkorn erntet fremde Früchte.

Piëch schmiss Pischetsrieder raus: »Hatte mich getäuscht.«

Der Vorherrschaft genau dieser IG Metall war es auch zu verdanken, dass wegen der überdurchschnittlichen Bezahlung von Facharbeitern beinahe alle Menschen in weitem Umfeld versuchten, dort unterzukommen. Die übrigen rundherum angesiedelten, mittelständischen Unternehmen hatten große Schwierigkeiten, überhaupt noch geeignete Mitarbeiter zu bekommen, die sie auch entlohnen konnten. Denn das Lohngefälle zwischen dem Automobilwerk und dem umliegenden Mittelstand war damals enorm. Man kann argumentieren, dass es Aufgabe einer Gewerkschaft sei, für ihre Mitglieder hohe Lohnabschlüsse zu erzielen. Mitnichten – aber es ist weder sozial noch ökonomisch, auf diese Weise eine Zweiklassengesellschaft zu installieren, Tausende von Arbeitsstellen zu vernichten und damit die viel gepriesene Solidarität zu verhöhnen.

Aber das scherte die Gewerkschaften wenig. Denn bei guter Entlohnung der Beschäftigten und einer Gewerkschaftszugehörigkeit von 90 % in der Automobilwirtschaft, die als satzungsgemäßen Gewerkschaftsmitgliedsbeitrag

1 % vom Bruttolohn verlangt - und den der Arbeitgeber gleich vom Lohn abzieht - klingelt natürlich die Kasse der Gewerkschaften. Was kümmert die Gewerkschaft dann der Mittelstand, von dem sich die Beschäftigen, aus welchen Gründen auch immer, oft nicht gewerkschaftlich vertreten lassen.

Weiterhin war der separate Angestelltentarif und eine parallel operierende Angestelltengewerkschaft DAG der übermächtigen IG Metall in unserem Hause ein Dorn im Auge, was laufend auf Betriebsversammlungen durch IG Metall-Funktionäre mit verbalen Bandagen bis hin zu persönlichen Beleidigungen zum Ausdruck kam.

Als sich die Deutsche-Angestellten-Gewerkschaft (DAG) unter Druck und gegen Versprechungen des Deutschen Gewerkschaftsbundes auflöste und in »Verdi«, unter dem Dach des Deutschen Gewerkschaftsbundes, umbenannt wurde, sah ich keinen Grund mehr, diese Gewerkschaft zu unterstützen und trat aus.

In dieser Zeit, in der ich Vertrauensmann der IG Metall war und häufig mit den Spitzen-Betriebsräten zusammentraf, musste ich mit ansehen, wie viele Betriebsräte nur darauf abzielten, die Gegenseite, das heißt auf die Arbeitgeberseite, zu wechseln. Da der Betriebsratsvorsitzende wegen der Mehrheit der Lohnempfänger immer von diesen gewählt wurde, kam der Stellvertreter grundsätzlich aus dem angestellten Bereich.

Ein geschätzter stellvertretender Betriebsratsvorsitzender war damals einer, der Positives für die Mitarbeiter bei der Geschäftsleitung durchsetzte. Jemand aus dem Angestelltenbereich, der es verstand, den übermächtigen Lohnbereich unbemerkt mit vor seine Karre zu spannen, um seine Ziele zu erreichen. Was lag da bei den Vorstandsmitgliedern näher, diesen Betriebsrat auf ihre Seite zu ziehen und ihm ein lukratives Angebot zu machen. Wie heißt es in Mario Puzzo´s Mafiaepos so treffend: »Ein Angebot, das er nicht ablehnen kann.« So wurde er dann, für uns alle unfassbar, ganz überraschend Arbeitsdirektor in einem kleineren Tochterunternehmen. Als er sich von uns verabschiedete und ihm sein Sinneswandel in scharfer Form vorgehalten wurde, sagte er uns klipp und klar, dass er an seine Familie zu denken habe und er doch mit dem Klammerbeutel gepudert wäre, dieses lukrative Angebot nicht anzunehmen. Diesem Beispiel folgten dann noch viele Gewerkschaftsfunktionäre, was meinen Entschluss weiter festigte, diese Gewerkschaft nicht mehr zu unterstützen.

Auch beklagte ich oft in Sitzungen der Vertrauensleute, dass bei der Gewerkschaft niemand von uns wusste, wo die Gelder eigentlich blieben. Schlagzeilen in den Medien machten damals die Gewerkschaftsfirmen *Neue Heimat* und *COOP*, die durch Vetternwirtschaft sowie durch Veruntreuung von Mitgliedsbeiträgen heruntergewirtschaftet wurden und später Pleite gingen. Lange Zeit danach wurden zur Abwicklung dieser Firmen Mitgliedsbeiträge zweckentfremdet.

Während alle Unternehmungen und Vereine bei uns einmal im Jahr einen Rechenschaftsbericht über ihre Einnahmen und Ausgaben vorlegen müssen, wissen Gewerkschaftsmitglieder überhaupt nicht, wie es finanziell um ihren »Verein« bestellt ist. Auch blieben immer die Gehälter der vielen freigestellten Betriebsräte im Dunkeln. Über den Grund waren wir im Unklaren. Dass es einen gab,war offensichtlich.

Als die Tarifverhandlungen festgefahren waren, rief die IG Metall zu Warnstreiks vor einem offiziellen Streikbeginn auf. Tausende beteiligten sich an der vorher durchgeführten Urabstimmung, in der 86 % der Mitglieder sich für einen Streik aussprachen. Wir waren fassungslos, als am nächsten Morgen in den Nachrichten zu hören war, dass, um den drohenden Streik abzuwenden, unsere Gewerkschaftsfunktionäre noch in der Nacht eingeknickt waren und den Forderungen des Arbeitgebers nachgegeben hatten.

Das war in meiner über 40-jährigen Dienstzeit in diesem Unternehmen das einzige Mal, dass ein Streik unmittelbar bevorstand und die IG Metall wirklich Streikgeld hätte zahlen müssen. Sonst war es umgekehrt. Immer wenn es zu spontanen Warnstreiks kam, die die Gewerkschaft angezettelt hatte, wurden die am Warnstreik beteiligten Arbeitnehmer zur Kasse gebeten, da sie die dafür benötigten Stunden nicht bezahlt bekamen. So einfach war das. Deshalb hätten die Gewerkschaftskassen längst überlaufen müssen. Doch wohin floss das Geld? Das wusste angeblich niemand - bis auf die Gewerkschaftsvorstände, die sich reichlich bedienten.

**VW-Betriebsrat
SPD-MDB Uhl
belog alle**

**VW-Betriebsrat
Sudeck wegen
Untreue verurteilt**

**VW-Personalchef
Schuster beging
Betrug**

Menschen mit solchen moralischen Einstellungen waren unsere Vertreter und (über den Aufsichtsrat) gleichzeitig unsere Dienstherren. Man muss kein Prophet sein, um sich vorzustellen, welche Konsequenzen dies hatte.

Weiterhin setzte die IG Metall Mitte der 90er Jahre einen zwischen Arbeitern und Angestellten einheitlichen Mantel-Entgelttarifvertrag durch, der die Vereinheitlichung von Mitarbeitern durchsetzte, und zwar unabhängig von der Qualifikation. Die Entlohnungen und andere Vergünstigungen von Betriebsräten blieben weiterhin undurchsichtig. Bis wieder einmal, wie 2005, eine Schweinerei durch Betriebsräte das Licht der Öffentlichkeit erblickte.

Der Vorstandsvorsitzende möchte natürlich, wie erst 2005 bekannt wurde, durch die Gewerkschaft keinen Gegenwind bei der Durchsetzung seiner Ziele spüren und ist heute noch bemüht, das Heer von Betriebsräten bei Laune zu halten. So ist es auch zu erklären, dass der »Häuptling« bereits im Jahre 2003 durch einen persönlichen Brief eines leitenden Mitarbeiters unseres Unternehmens aus Kassel auf »Begünstigungen« von Betriebsräten hingewiesen wurde. Von den sattsam bekannten Einladungen ins Rotlichtmilieu gar nicht zu reden. Trotz Eingangsstempels der Konzernrevision und dem handschriftlichen Vermerk verneinte später 2007 in der Verhandlung vor dem Landgericht Braunschweig der Big Boss als Zeuge, den Brief überhaupt gesehen oder davon Kenntnis erlangt zu haben. Hätte sich die damals vorsitzende Richterin besser vorbereitet, hätte sie ihm das Gegenteil beweisen können. Oder vielleicht wollte das auch niemand wissen. Der Briefschreiber hatte über dieses Thema bereits in der Aktionärsversammlung 2003 berichtet. Dort kürte sich dieser ahnungslose Zeuge auch selbst zum Aufsichtsratschef. Sie ist eben blind, die Justitia und ihre irdischen Vertreterinnen sind obendrein taub.

Adriana Barros und Klaus Volkert , der Ex- VW-Betriebsratsvorsitzende - Freispruch für die Geliebte.

Die Staatsanwaltschaft Braunschweig hat deshalb Berufung gegen das Urteil des Wolfsburger Amtsgerichts vom Mai 2012 eingelegt. Vor dem Braunschweiger Landgericht müsste dann möglicherweise auch Ex-VW-Personalvorstand Peter Hartz als Zeuge aussagen.

Die Anklage wirft der Brasilianerin vor, rund 250.000 Euro von VW kassiert, ohne Gegenleistungen dafür erbracht zu haben. Außerdem soll sie private Reisen auf VW-Kosten abgerechnet haben. Sie fordert eine Freiheitsstrafe von einem Jahr auf Bewährung. Die Journalistin hatte die Vorwürfe stets bestritten.

Bericht der WAZ vom Juli 2012

Was mich am Ende meines Arbeitslebens enttäuschte, war der laxe innerbetriebliche Umgang mit den immer allgemein handschriftlich ausgefüllten Überstundenmeldungen in meiner Abteilung. Es ist erstaunlich, wie in einem geordneten Automobilwerk mit den Überstundenmeldezetteln umgegangen wurde.

Wenn Überstunden verrichtet wurden, musste ein handschriftlicher Wochenzettel mit Arbeitsbeginn, Beschreibung der Tätigkeit etc. ausgefüllt werden. Dieser DIN A 5 Zettel wurde dann im Vorzimmer in den Eingangskorb für den Abteilungsleiter gelegt. Normalerweise erwartet man, wenn Überstunden nicht angezweifelt werden, dass diese wie vereinbart ordnungsgemäß abgerechnet werden und das Entgelt auf der monatlichen Gehaltsabrechnung in Anrechnung gebracht wird. Doch jetzt kommt der Hammer. Da zwischen Zettelabgabe im Vorzimmer, der Sichtung durch die Sekretärin, der Abzeichnung durch den Abteilungsleiter und der ordnungsgemäßen Verbuchung durch den Betriebsabrechner oft Wochen wegen Rückfragen, Krankheit oder Abwesenheit Einzelner vergingen, konnte man auf den Gehaltsabrechnungen nicht mehr nachvollziehen, welche Stunden an welchen Tagen bezahlt oder auch nicht bezahlt wurden. Auf der Gehaltsabrechnung war jeweils nur die Summe der Stunden mit dem entsprechenden Stundensatz, aber nicht die entsprechenden jeweiligen Tage, für die das Entgelt berechnet wurde, aufgeführt. Allein deshalb und um eine Kontrolle zu haben, hatte ich begonnen, mir von jeder im Vorzimmer abgegebenen Mehrarbeitsmeldung eine Kopie zu machen.

So machte ich mich acht Wochen vor meinem altersbedingten Ausscheiden zu Hause an die Arbeit, alle von mir tatsächlich geleisteten Mehrarbeitsstunden mit den tatsächlich entsprechend der vorliegenden Gehaltsabrechnungen vergüteten Stunden zu vergleichen. Und siehe da, es passte vorn und hinten nicht. In einem Zeitraum von zwölf Jahren wurde ich um fast 30.000 DM durch nicht ordnungsgemäße Weitergabe und Anrechnung meiner gemeldeten Überstunden, von wem auch immer, geprellt. Die Zettel wurden »verloren« - ich verlor den Lohn.

Obwohl ich alle Belege hatte, fand ich bei niemandem im Betrieb Unterstützung oder Gehör. Alle stellten sich einfach taub, sodass ich nichts unternehmen konnte und die mir vorenthaltenen 30.000 DM schließlich in den Wind schrieb.

Deshalb kann ich nur allen Mitarbeitern empfehlen, jede Abrechnung monatlich genau zu kontrollieren und bei Unregelmäßigkeiten sofort Alarm zu schlagen.

Die Vielzahl meiner Dienstreisen hat es mit sich gebracht, dass die Abrechnungen manchmal erst verspätet von mir erstellt werden konnten. Oft konnte man sich dann nicht mehr erinnern und rechnete zum eigenen Nachteil ab. Doch verlassen wir jetzt den pekuniären Teil erst einmal und wenden uns dem technischen zu.

2. Kapitel

Als ich Versuchsingenieur wurde, hatten alle Fahrzeugmodelle in der Tür angeordnete Türschlösser, die man wegen der besseren Zugänglichkeit durch außen liegende ersetzte. Der Nachteil dieser Schlösser war die erhöhte Verschmutzung durch Schnee und Staub. Deshalb entschied unser Entwicklungsvorstand, für die neue Fahrzeuggeneration wieder auf innenliegende Schlösser umzusteigen.

Um dem Unternehmen überflüssige Kosten zu ersparen und die Qualität zu erhöhen, wurden alle Mitarbeiter laufend aufgerufen, neben ihren Tätigkeiten auch über Verbesserungsvorschläge nachzudenken. Eigens dafür wurde eine Abteilung »Vorschlagswesen« geschaffen, in der Anregungen abgegeben wurden. Bei Verwirklichung der eingereichten Idee winkte eine Prämie.

Dank der Gewerkschaft IG Metall wurde aber die Prämienberechtigung zwischen Lohnarbeitern und Angestellten so definiert, dass Lohnmitarbeiter generell prämienberechtigt waren und Angestellte nur, wenn ihre direkte Arbeitszuständigkeit von dem Vorschlag nicht betroffen war. Anders betrachtet, eine Aufforderung im eigenen Bereich *nicht* nachzudenken – es bringt ja nichts!

Das führte häufig dazu, dass gute Vorschläge von Angestellten aus ihrem Arbeitsbereich über befreundete Lohnmitarbeiter oder Bekannte eingereicht wurden, um trotzdem die Prämie zu kassieren. Ein ausgeklügeltes System, das zum Betrug animierte.

Ein Test in der Türkei förderte ein Problem zutage, das ich nach langem Tüfteln mit einer neuartigen Methode lösen konnte

Da ich von dem Erfolg meiner Idee überzeugt war und auch alle Ergebnisse aus den Dauerlauffahrzeugen positiv waren, fertigte ich nach meiner Rückkehr aus der Türkei im Büro sofort eine Arbeitnehmer-Erfindungsmeldung an. Diese leitete ich unter meinem Namen persönlich noch am gleichen Tag an die in unserem Hause zuständige Patentabteilung weiter. Ziel war, diese umgehend beim Patentamt in München registrieren zu lassen.

Wie üblich erhielt ich Monate später mehrere Kleinbeträge von 100 und 150 DM als Anerkennung für die erfolgte Patentanmeldung.

Nach meinem altersbedingten Ausscheiden im Frühjahr 2002, meine Idee war längst ohne mein Wissen mit Erfolg in die Serienfertigung aller Modelle unserer süddeutschen Tochter eingeflossen, erhielt ich im Jahr 2005 von der Patentabteilung meines früheren Arbeitgebers eine Mitteilung. Man bot mir sage und schreibe 190,00 Euro für meine Erfindung. Gleichzeitig versicherte man mir in diesem Schreiben, diese Erfindung nicht wirtschaftlich zu nutzen.

Dieses absonderliche Schreiben machte mich stutzig und ich beschloss umgehend, diese Aussage vor einer Beantwortung des Schreibens zu überprüfen. Gleich beim ersten Fahrzeugmodell wurde ich fündig. Alle 4 Türschlösser dieses Fahrzeugs waren mit meiner Erfindung bestückt. Um auch noch die nach meinem Ausscheiden neu auf den Markt gekommenen Fahrzeuge diesbezüglich überprüfen zu können, flog ich privat mit meiner Frau zu den Automobilausstellungen nach Genf und Paris. Dort konnte ich an den neuesten Modellen feststellen, dass meine Erfindung an 79 % der gesamten Fahrzeugpalette eingebaut war.

Nicht nur, dass sie mich schamlos hintergingen, zusätzlich machte sich der Konzern strafbar und verstieß gegen das Arbeitnehmererfindungsgesetz. Denn ich als Erfinder hätte spätestens 3 Monate nach der wirtschaftlichen Nutzung davon verständigt werden müssen. Darüber hinaus stand mir natürlich eine angemessene Erfindervergütung gemäß der vom Gesetzgeber festgelegten Richtlinien zu.

Klar, dass dies nicht geschehen war. Eine solche Verschlagenheit war für mich unvorstellbar (wenn man die Summen, um die es dabei ging, berücksichtigt!). Wann immer man mich benötigte, sei es nachts oder am Wochenende - was öfter vorkam - stets war ich zur Stelle. Mir jetzt für 190,00 € meine Erfindung abzuluchsen, stellte eine Provokation dar, die Ihresgleichen sucht. Denn gerade durch meine Erfindung wurden diese Autos wieder verkäuflich.

Aber es kam wider erwarten noch Dicker und Dreister.

Obwohl ich Digitalfotos von der Verwendung meiner Erfindung geschossen sowie auch ein entsprechendes Türschloss als Beweis

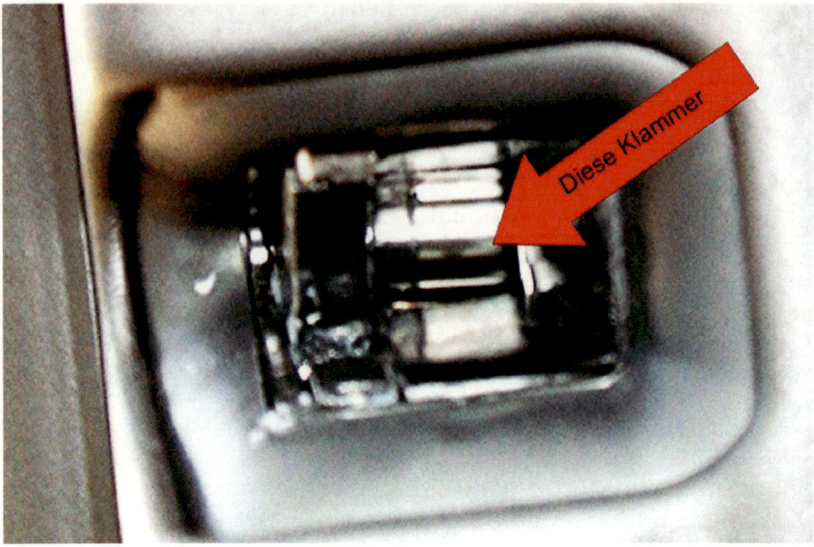

Durch diese Erfindung wurden die Autos wieder verkäuflich.

Der Autor im Kleinraumbüro für acht Mitarbeiter.

für 145,00 € bei einem Händler erworben hatte und alles der Patentabteilung übergab, versuchte man weitere Tricks. Ich erhielt weitere Schreiben, in denen die wirtschaftliche Nutzung bestritten wurde. Meine hilfesuchenden Schreiben an den Vorstandsvorsitzenden und an die Aufsichtsräte Wulff/Hirche wurden ignoriert.

So vergingen weitere zwei Jahre mit nervenaufreibender Korrespondenz, bis endlich schriftlich eine wirtschaftliche Nutzung meiner Erfindung zugegeben wurde. Es wurde mir mitgeteilt, dass eine Berechnung der angemessenen Vergütung in Arbeit sei, über die ich in den nächsten Wochen unterrichtet würde.

Dass ein Unternehmen, egal ob Imbissbude oder Großkonzern, vor Betrug und Urkundenfälschung nicht zurückschreckt, beweist der weitere Hergang.

Da bekam ich doch tatsächlich noch als Dreingabe ein Schreiben, indem behauptet wurde, ich müsse mir die vom Unternehmen errechnete geringfügige Erfindervergütung noch mit einem Hauptabteilungsleiter teilen. Da er auch als Erfinder bei meiner Patentanmeldung angeführt sei. Als ich das las, wusste ich, mit wem und mit was ich es zu tun hatte.

Sofort forderte ich die Patentabteilung auf, mir eine Kopie meiner Patentanmeldung zuzuschicken. Die traf dann ein paar Tage später bei mir ein und übertraf meine ärgsten Befürchtungen.

Meine Patentanmeldung bestand aus zwei DIN A 4 Blättern. Während die zweite Seite meine Handschrift trug und von mir stammte, war die erste Seite durch ein neues Blatt in fremder Handschrift ausgefüllt und dann offensichtlich ausgewechselt worden. Während im Original (mit meiner Handschrift) nur ich als Erfinder genannt wurde, hatte sich im neuen Blatt ein früherer Hauptabteilungsleiter als erster Erfinder eingetragen und ich stand quasi als Sekundant darunter. Dass mein Name mit einer wiederum anderen Handschrift zugefügt wurde, deutete daraufhin, dass sich ein Hauptabteilungsleiter zunächst als Alleinerfinder eingetragen hatte. Vermutlich wurde er erst durch die Patentabteilung darauf hingewiesen, dass mein Name fehlte. Jemand von dieser Abteilung dürfte dann meinen Namen hinzugefügt haben.

Wie konnte dieser Mann meine Erfindungsmeldung erhalten und ohne mein Wissen verändern? Ich hatte sie persönlich abgegeben. Erklärbar nur dadurch, dass vermutlich ein Bearbeiter der Patentabteilung meine Erfindungsmeldung - aus welchem Grund und zu welchem Zweck auch immer - irgendwo liegengelassen hatte.

Als jedoch dieses Schriftstück in die Patentabteilung zurückkam und mein Name als eigentlicher Erfinder fehlte, wies der Patentsachbearbeiter darauf hin. So kam es, dass mein Namen wiederum mit einer anderen Handschrift hinzugefügt wurde.

Als ich mir jetzt meine gesamte veröffentlichte Patentschrift vom Patentamt besorgte, musste ich feststellen, dass die Patentabteilung zwei unterschiedliche Ideen zu einem Patent angemeldet hatte und dort fünf weitere Erfinder benannt worden waren. Obwohl ich seinerzeit bei der Abgabe meiner Erfindungsmeldung darauf bestand, meine Erfindung separat anzumelden.

Meine Erfindung betraf die Metallflachfeder im Schlossfanglager beim Türschloss und die andere Idee von drei anderen Kollegen betraf eine Metallflachfeder an der Drehfalle.

Als ich die Patentabteilung zur Rede stellte, wie es möglich wäre, das Blatt 1 meiner Erfindungsmeldung ausgetauscht war, erntete ich nur Schulterzucken. Tatsächlich war das eine stümperhafte Urkundenfälschung.

So blieb mir, vor Erstellung einer Strafanzeige bei der Staatsanwaltschaft Braunschweig, nichts anderes übrig, als der Patentabteilung eine 2-wöchige Frist zwecks Aufklärung dieses Sachverhalts zu geben.

Da trotz Kopie dieses Schreibens an den Vorstandsvorsitzenden keine Klärung herbeigeführt wurde, stellte ich am 1. 10. 2008 Strafanzeige, vorläufig gegen »Unbekannt«.

Jeder kleine Mitarbeiter, der eine kleine Schraube eingesteckt hatte, wurde fristlos entlassen, wenn man ihn ertappte. Und hier wollten sich Führungskräfte durch derartige Betrügereien Vorteile verschaffen. Diese Leute sind so abgehoben, dass sie möglicherweise tatsächlich unter Realitätsverlust leiden. Wie auch immer – sie sind überzeugt, dass man ihnen nicht an »die Karre fahren kann« – Ihnen, den Privilegierten des alles beherrschenden Konzerns.

Weil mir seit Langem bekannt war, dass sich Vorgesetzte gern bei über ihren Tisch gehenden Arbeitnehmererfindungen selbst mit auf die Erfinderliste setzten, hatte ich den offiziellen Dienstweg gemieden und das Dokument persönlich abgegeben. Vom dort herrschenden Geklüngel zwischen den Haupt- und Abteilungsleitern allerdings wusste ich nichts. Welcher Angestellte geht schon im Betrieb gegen seinen Vorgesetzten vor, um sich Nachteile einzuhandeln? Kaum jemand und deshalb wird den Untergebenen kaltschnäuzig das Fell über die Ohren gezogen.

Da die Patentabteilung feststellen musste, dass es ernst wurde und ich auch mit einer Zivilklage wegen der noch ausstehenden angemessenen Vergütung drohte, wurde mir eine lächerliche Summe als Erfindervergütung angeboten, die ich umgehend ablehnte.

Nicht ohne Grund wurden seinerzeit vom Gesetzgeber für die Ermittlung einer Erfindervergütung Richtlinien erstellt, die den wirtschaftlichen Nutzen, das Entstehen der Erfindung und der Stellung des Erfinders im Betrieb Rechnung tragen sollten.

Man kann sich leicht vorstellen, wenn der frühere Arbeitgeber über Jahre die Nutzung überhaupt abgestritten hat, wie er nun die einzelnen Berechnungskriterien auslegen würde.

Erst nach meinen zahlreichen Schreiben an ihn und Androhung einer Klage besserte die Patentabteilung ihr Angebot nochmals geringfügig nach. Vergaß aber nicht, mich als Rentner auf das Prozessrisiko hinzuweisen - wie fürsorglich.

Ferner appellierte die Patentabteilung an mich, der angebotenen Vergütung schon deswegen zuzustimmen, da der von mir angedrohte Prozess jahrelang dauern würde – vom ungewissen Ausgang einmal ganz abgesehen. Dezent brachte man die biologische Komponente ins Spiel.

Als ich auf der intensiven Suche nach einem in dieser Sache geeigneten Patentanwalt feststellen musste, dass es kaum einen Anwalt gibt, der nicht für meinen Gegner arbeitete, resignierte ich.

So machte ich ihnen den Vorschlag, auf meine beabsichtigte Klage zu verzichten, wenn sie ihr Angebot um 66 % erhöhen würden. Die Verwendung meiner Erfindung würde wie vereinbart im Jahr 2015 auslaufen. Nachdem man sich damit einverstanden erklärt hatte, verlangte man von mir - aus für mich nicht nachzuvollziehenden Gründen -, über die Zahlungshöhe Stillschweigen zu bewahren. Zwangsläufig stimmte ich dem zu. Da mir im Laufe des Verfahrens zugesichert wurde, dass die wirtschaftliche Nutzung meiner Erfindung bis zum Jahr 2015 generell auslaufe, werde ich bei Weiterbenutzung meiner Erfindung über das Jahr 2015 hinaus erneute Ansprüche stellen.

Hier wird an meinem Beispiel wieder deutlich, wie es in unserem Rechtsstaat um die Gerechtigkeit bestellt ist. Recht haben, heißt nicht gleich recht bekommen. Nur wer für eine Klage das nötige Kleingeld hat, könnte gegebenenfalls sein (vermeintliches) Recht durchsetzen.

Deshalb ist es für meinen Seelenfrieden wichtig, dieses kriminelle Verhalten in diesem Buch an die Öffentlichkeit zu bringen, um gegebenenfalls noch andere Arbeitnehmer bei ähnlich gelagerten Fällen früher zum Agieren zu veranlassen.

Später erfuhr ich, dass es nicht nur mir so ergangen war. Auch bei einem anderen Mitarbeiter wurde versucht, ihn mit einem Trinkgeld für seine Erfindung abzuspeisen. Dieser Mitarbeiter im Tochterwerk Kassel war aber aus einem anderen Holz geschnitzt als ich. Er fackelte nicht lange herum und reichte vor dem Frankfurter Landgericht Klage ein. Das kostete dem Konzern eine schöne Stange Geld – gelernt hatten die Herren scheinbar nichts daraus.

In diesem Zusammenhang sei hier ein Zitat aus dem Buch[1] von Prof. Dr. H.-J. Selenz[1] festgehalten: »... der gesamte Vorstand, Aufsichtsrat, Betriebsrat, die Konzernrevision mit Rechtsabteilung und auch die Staatsanwaltschaft Braunschweig ist, mit anschaulichen Beispielen belegt, eine kriminelle Vereinigung ...!«

So hatte doch tatsächlich im Zuge der Ermittlungen die Staatsanwaltschaft Beweismittel zur Prüfung dem Beschuldigten (VW) übergeben, da sie sich selbst außerstande sah, wirtschaft-

---

1 *Selenz, VW Schwarzbuch, ISBN 978-3821856124; Eichborn Verlag*

liche Zusammenhänge zu überblicken. Da wurden also die Frösche gefragt, ob der Sumpf trocken gelegt werden soll. Dem habe ich jetzt, auch nach meinem Ausscheiden aus dem Unternehmen, nichts mehr hinzuzufügen.

Neben meinen täglich wiederkehrenden Tätigkeiten, wie Bearbeitung der Post, Beantwortung von Emails, Kontrolle von Werkstattarbeiten, Überprüfungen von Prüfstandsdauerläufen, Teilnahme an Konstruktions-, Labor- und Qualitätsbesprechungen sowie dem Führen unendlicher Telefonate, musste ich alle Vorbereitungen für anstehende Erprobungsfahrten treffen.

Oft konnte ich feststellen, dass unter meinen eigenen Kollegen Futterneid herrschte. Gerade bei einer Einreichung von Verbesserungsideen, bei der Vergabe von Leistungszuschlägen und Gehaltseinstufungen trat der zutage. Man ließ es die Betroffenen spüren. Mich allerdings berührte das nicht. Ich ging meinen Weg und wurde dann über die Jahre auch von ihnen als sogenannter Einzelkämpfer unabhängig. Wenn meine Vorgesetzten etwas von mir wollten, meldeten sie sich schon.

So kam es häufiger vor, dass meine Dienstreiseanträge ohne die Unterschrift meines Abteilungsleiters bereits von oben genehmigt waren und er erst davon erfuhr, als ich bereits unterwegs war.

Die meiste Arbeit machten die Fahrzeugbeschaffungen, die Auftragserteilungen an die Werkstätten für die Fahrzeugumrüstungen auf die jeweiligen Erprobungsstände, die rechtzeitige Beschaffung der zu erprobenden Fahrzeugeinbauteile von den Entwicklungslieferanten und das Ausfüllen aller Zollpapiere. Hinzu kam noch das Kostengezerre mit den Kontrollern sowie dem Einkauf, um die Kostengenehmigungen für die Schiffs- oder Flugzeug-Autotransporte. Um die Flugbuchungen kümmerte ich mich ebenso - mit einem Wort: reichlich Konfliktstoff.

Wenn diese Vorbereitungen erledigt waren, musste ich für jede Person noch die vorgeschriebenen Reiseanträge stellen. Diese waren außer von mir, vom Abteilungsleiter, Hauptabteilungsleiter, Bereichsleiter und dem Entwicklungsvorstandsmitglied zu unterschreiben - nur ein Artillerieangriff ist gefährlicher als die Bürokratie! Man kann sich vorstellen, dass ich oft zusätzlich vor jeder Einzelgenehmigung bei jedem einzelnen Tintenburgbewohner persönlich antanzen und erklären musste, warum die Erprobungszeit über 12 oder 18 Tage und nicht bereits nach sechs Tagen zu erledigen war, und dass es acht Erprobungsteilnehmer und nicht nur zwei oder drei sein mussten.

Um wie viel lockerer ging es doch bei den Betriebsräten zu. Leider stellte sich das erst im Juni 2005 heraus. Durch die Welt reisende Betriebsräte ohne dienstliche Veranlassungen wurden vom Vorstand wesentlich wohlwollender behandelt. Eigens wurden Prostituierte mit First-Class-Flug herangekarrt und die späteren Abrechnungen erfolgten zum Teil handschriftlich an der Konzernrevision vorbei auf Bierdeckeln. Was für ein bürokratischer Luxus für diese Auserwählten.

Nicht nur in der Öffentlichkeit, bei Kunden und Vertragspartnern hat diese Zote zu einem ungeahnten Vertrauensverlust geführt. Von der Schadenfreude ganz abgesehen.

So etwas hatte ich nie für möglich gehalten. Denn immer wenn es meine Zeit erlaubte, bin ich brav zu den Betriebsversammlungen gegangen, in denen einige Betriebsratsmitglieder nur zum Schein für uns »dumme« Arbeitnehmer dem Vorstand die Leviten lasen und wir prompt darauf reinfielen. Darüber ärgere ich mich heute noch gewaltig – vor allem über meine Naivität.

Nach der Rückkehr von einer Erprobung musste ich wegen der im Voraus gezahlten Reisekostenvorschüsse innerhalb von zwei Tagen die Reiseabrechnungen einreichen. Für jede Ausgabe musste ein Beleg vorhanden sein. Sollte ein Beleg verloren gegangen sein, was leider in der Hektik vorkam, so war das mein persönliches Pech. Mein Abteilungsleiter lehnte in so einem Fall einen ansonsten üblichen Ersatzbeleg ab. Alle abgerechneten Positionen wurden in der Reisekostenstelle penibel überprüft. Da ich oft mit schweren Gepäckstücken unterwegs und bei Zwischenlandungen oftmals alle Gepäckstücke für den Weiterflug in Empfang nehmen musste, beschäftigte ich zwangsläufig Gepäckträger, die von mir ohne Quittung entlohnt wurden. Diese Kosten, die sich manchmal auf einige Hundert Dollar beliefen, waren nach Ansicht meines Abteilungsleiters Privatsache. Ohne Quittung kein Geld. Vertrauen gab es für die »unteren« Ränge nie – das war anderen vorbehalten.

In diesem Zusammenhang muss ich noch eine Begebenheit schildern, die sich im Juli 1998 zugetragen hat.

Wir hatten in dieser Zeit an einem Bauteil Materialprobleme, sodass ich mit einem Laborsachbearbeiter kurzfristig an einem Freitagnachmittag nach Berlin zur Bundesanstalt für Materialforschung (BAM) fuhr. Ich hatte mit dem dortigen Laborleiter um 16:00 Uhr einen Beratungstermin vereinbart.

Nach einer vierstündigen Beratungszeit erklärte der Laborleiter, dass bei einem festgelegten Beratungsstundensatz von 200 DM inzwischen 800 DM aufgelaufen seien. Wir könnten aber die restlichen Fragen wegen der fortgeschrittenen Zeit und der knurrenden Mägen beim Italiener um die Ecke ohne weitere offizielle Berechnung weiterführen. Dem stimmte ich zu und deutete meinem Kollegen an, doch seinen Verzehr mit Hinweis auf meinen knickrigen Chef selbst zu bezahlen.

Nach zweieinhalb Stunden Gespräch und einem Essen, zu dem wir jeder 3 Bier tranken, machte die Rechnung 159,80 DM aus, die ich auf 165,00 DM aufrunden ließ.

Als ich meinen Abteilungsleiter über die erreichten Ergebnisse unterrichten wollte und er die Rechnung von 159,80 DM sah, riss er mir diese aus der Hand und wetterte los. Er werde diese Kosten nicht übernehmen! Da es mir jetzt so schien, dass weitere Ergebnisse der gestrigen Reise für ihn uninteressant waren, verließ ich ärgerlich sein Büro und schlug die Tür krachend zu.

Bei einem einige Tage später mit mir in anderer Sache erfolgtem Zusammentreffen mit dem Bereichsleiter, erzählte ich ihm davon. Er öffnete kopfschüttelnd seine Brieftasche und gab mir das Geld. Auch das gab es in der Firma und soll hier nicht verschwiegen werden.

Außer unseren Betriebsräten war jedem bekannt, dass er bei Abrechnungsmogelei, bei Diebstahl oder Arbeitszeitschummelei eine fristlose Entlassung riskierte.

Das war für mich der Grund, weshalb mich meine Frau bei Dienstreisen nie begleitete. Viele der Kosten wie Hotel, Flug, Mietwagen usw. hätten halbiert werden müssen, was nicht immer exakt möglich gewesen wäre.

Gleiches hatte ich den Kollegen empfohlen, weil bereits viele Mitarbeiter vorher auf diese Art ihren Job verloren hatten. Es wurde einfach von Mutwilligkeit ausgegangen.

Einige aber, darunter Führungskräfte, ließen sich nicht abhalten und nahmen ihre Frauen mit auf die Reise, was ständig zu Komplikationen führte, weil sie großzügige Reisekostenabrechnungen einreichten. Auch mein Abteilungsleiter wäre fast über so einen Fall gestolpert, weil er einen privaten Flug in Südafrika ohne dienstliche Notwendigkeit verrechnete. Er durfte bleiben.

Meine Anfrage an den Vorstand Anfang Juli 2011, wie lange meine Geheimhaltungspflicht nach dem Ausscheiden noch gelte, wurde ohne gesetzliche Grundlage so beantwortet: Diese Verschwiegenheitspflicht für mich gelte weiterhin unbegrenzt und bei einem Verstoß hätte ich mit Schadensersatzklagen zu rechnen.

Sollte diese Auskunft in der Tat rechtens sein, könnte niemand aus unserer Entwicklung, aus welchen Gründen auch immer, zu einer anderen Firma wechseln. So etwas, dachte ich, wäre in unserem freien demokratischen Lande undenkbar.

Hunde, die bellen, beißen meist nicht. Zumal wenn man selbst Dreck am Stecken hat, wie 1993 bei der Abwerbung eines spanischen Managers mit seinen »Kriegern« von General Motors in den USA.

Mein Angebot an den Vorstand, mit mir einen Geheimhaltungsvertrag mit explizierter Aufschlüsselung der zu schützenden Gebiete im Unternehmen über einen gewissen Zeitraum abzuschließen, blieb leider erfolglos. Grund: Sie wüssten ja nicht, was ich wisse. Um mich aber dennoch nicht angreifbar zu machen, verfasste ich dieses Buch so, dass Rückschlüsse auf geheime Vorgänge unmöglich sind.

Während früher in unserer Abteilung meistens Techniker und Kraftfahrzeugmeister mit handwerklichem Geschick eingestellt wurden, mussten es später nur noch Ingenieure und promovierte Diplomingenieure sein, weil die Abteilungsleiter sich oft mit deren Überqualifizierung schmücken wollten. Wie ich beobachtete, schickte man zum Beispiel neu eingestellte Diplomingenieure zu mehrwöchigen Englisch- oder Computerkursen, um sich seine Autorität zu sichern. Auf die Idee, dass gerade dieser Nachwuchs das im Studium erlernt haben müsste, kam niemand. So war es nicht verwunderlich, dass diese hoch qualifizierten Ingenieure nicht ihrer Qualifikation entsprechend eingesetzt wurden.

Jeder ist in einem Unternehmen seines Glückes Schmied. Weil mein Abteilungsleiter für mich keine höhere Gehaltsstufe beantragen wollte, musste ich selbst einen Antrag an die Gehaltskommission stellen. Damit mein Antrag auf Vorrückung um zwei Stufen Ende der 80er Jahre Aussicht auf Erfolg hatte, ging ich sorgfältig vor. Da die Tätigkeitsbeschreibung eines Versuchsfachreferenten exakt vorgegeben war, musste ich meine Tätigkeiten der letzten drei Jahre dokumentieren. Insbesondere meine speziellen Fähigkeiten sowie die Initiativen bei der Entwicklung neuer Technologien.

Wegen meiner guten Zusammenarbeit mit anderen Bereichen erhielt ich Unterstützung, sodass die Finanzierung dieser Objekte oft an meinem geizigen und entscheidungsschwachen Abteilungsleiter vorbei erfolgte, ohne sein Budget zu belasten und ohne seine Laune zu trüben.

Erfreut war ich, als ich von der Personalabteilung am 2. 11. 1990 endlich den Termin 14. 12. 1990 bekam. An diesem Tag wollte die Gehaltskommission über den Antrag entscheiden. Wie überrascht war ich, als mich mein Abteilungsleiter eine Woche vor dem Termin zu sich rief und er mir erläuterte, dass er mich nach reiflicher Überlegung zum Unterabteilungsleiter ernennen wollte. Dies allerdings nur, wenn ich umgehend meinen Antrag bei der Gehaltskommission zurückziehen würde. Das brachte mich allerdings in Gewissenskonflikte. Konnte ich ihm überhaupt Glauben schenken nach all den Vorfällen in den vergangenen Jahren? Hatte er nicht nur Angst vor der Gehaltskommission? Was würde sein, wenn er nach der Terminabsage sein Versprechen nicht halten würde? Ein Gedanke, der nicht ganz abwegig war? Wollte ich eigentlich Unterabteilungsleiter mit Dienstwagen werden, wo ich dann keine Überstunden mehr, die ja haufenweise auf meinen vielen Versuchsfahrten anfielen und die vom Betrieb verlangt wurden, bezahlt bekommen würde? Einen Dienstwagen als Versuchsfahrzeug hatte ich ja ohnehin schon, wenn ich weitere Strecken zu fahren hatte. Was hat ihn jetzt bewogen, sich mir gegenüber auf einem Mal loyal zu verhalten?

Um das alles gründlich zu durchdenken, erbat ich Bedenkzeit bis zum nächsten Tag. Daraufhin verbrachte ich eine schlaflose Nacht. Am Morgen war mit klar: Ich würde seiner Bitte nicht nachkommen. Schließlich hatte er seit meinem Antrag genügend Zeit gehabt, mir entgegenzukommen - nebenbei, er hatte mich zu oft enttäuscht, mir fehlte es für so eine »Aktion« am nötigen

Warten in der Lounge am Airport Pudong Shanghai

Abflug am Airport Hannover

Vertrauen.

Also begründete ich am nächsten Tag ausführlich, welche Gründe aus meiner Sicht gegen seine Vorschläge und eine Terminabsage sprechen würden.

Der 14. 12. 1990 wurde also der Tag der Entscheidung. Pünktlich um neun Uhr erschienen zwei leitende Herren der Personalabteilung und zwei Herren des Betriebsrates in dem Büro des Abteilungsleiters. Nachdem der Vorsitzende der Kommission den Grund dieser Verhandlung sowie das Vorgehen erläutert hatte, wurde mein Chef seines Büros verwiesen, um mir als Antragsteller ausreichend Gelegenheit zu geben, mich nochmals mündlich zu äußern. Danach wurde ich hinausgebeten, damit mein Chef seine Meinung vortragen konnte. Nach zehn Minuten wurde ich wieder gerufen und der Vorsitzende verkündete, dass die Kommission meinem Antrag stattgegeben hatte. Mein Abteilungsleiter wurde aufgefordert, die entsprechende Einstufung vorzunehmen. Von nun an wurde die Zusammenarbeit schwieriger, was hauptsächlich dazu führte, dass wir uns gegenseitig Fehler vorwarfen.

Als er mit einem meiner neuen Kollegen - ältere Kollegen und ich lehnten es ab, mit diesem zu verreisen - von einer Versuchsfahrt in Mexiko zurückkehrte, musste ich bei seinen Berichten Sonderbares feststellen. Als ich seine Tabelle mit den Messwerten studierte, entdeckte ich Werte, die utopisch waren und die bei ordnungsgemäßer Prüfung niemals erreicht werden konnten. Als ich ihn darauf ansprach, explodierte er, sodass ich einen Gesprächstermin mit ihm beim Chef vereinbarte, um mir einmal Luft zu verschaffen. Da ich an diesem Tag *geladen* war, zog ich entsprechend »vom Leder«, was dazu führte, dass er zur Erleichterung meiner Kollegen nach Brasilien versetzt wurde.

Wenn jemand in einem Unternehmen nur nach dem Umfang der von ihm verfassten Schriftstücke beurteilt wird und diese nicht überprüft werden, führt das dazu, dass hoch qualifizierte Mitarbeiter innerlich kündigten und rein nichts mehr für das Unternehmen leisteten. Wozu sich Gedanken machen, wenn Fairnis ohnehin nicht zu erwarten war.

Aber so zu denken und zu handeln entsprach nicht meinem Naturell. Ich bin ein Autonarr und trotz mancher Nackenschläge meiner Chefs, wollte ich für unser Produkt immer das Beste erreichen. Ich hatte einfach Freude daran. So wurde ich über die Jahre immer mehr zum Einzelkämpfer, ohne große Unterstützung durch meine unmittelbaren Chefs. Diese gewöhnten sich an meine Art und befragten mich schließlich nur noch, wenn sie kurzfristig unausweichliche Antworten über Entwicklungsstände, die von mir bearbeitet wurden, an ihre Vorgesetzten weitergeben mussten.

So ärgerten sich meine Chefs häufig darüber, dass Bereichsleiter und Vorstände direkt bei mir anriefen, um fundierte Antworten ohne Umwege zu bekommen.

Es war ein Kleinkrieg, mit dem ich es zu tun hatte. Als ich einmal vor meinem Abteilungsleiter beim Check-in stand, beschwerte er sich hinterher beim Bereichsleiter, dass ich die Hierarchieordnung nicht einhalten würde. Daraufhin faltete der ihn gründlich zusammen.

Eine zeitlang wollten mich meine Chefs damit ärgern, dass ich möglichst lange auf einen Torpass für eine Fahrt zum 15 Kilometer entfernten Prüfgelände warten musste. Was sie aber nicht wussten, war, dass ich immer über eine größere Anzahl von Blanko-Pässen verfügte, die ich mir vorsorglich von meinen übergeordneten Chefs hatte ausstellen lassen.

So war das nun einmal in meinem früheren Großbetrieb mit einer Hackordnung, deren Einhaltung meistens nur zwecks ihres Autoritätserhalts gefordert wurde. Außerdem konnte ich zu meinen Freunden in andere Abteilungen gehen, um mir die Unterschriften zu holen. Uneffektiv, aber nicht zu ändern.

Es gab viele Vorgesetzte, die einem ihre Macht- oder besser Ohnmacht - fühlen lassen wollten und oft unsinnige Fragen stellten, bis man verärgert zum Nächsten ging oder einfach ganz den vereinbarten Besprechungstermin außerhalb des Werksgeländes sausen ließ. Das war einem dann auch egal.

Zeitweise passierte es, dass ich mehrmals am Tag mit einem werkseigenen Fahrzeug das Werk verlassen musste. Weil viele Kollegen die Abteilungsfahrzeuge so betrachteten, als wären es ihre eigenen und diverse Führungskräfte ihre Versuchsdienstwagen für Kutschfahrten nicht hergaben, mussste ich mir oft kurzfristig von anderen Abteilungen Fahrzeuge geben lassen. Bei der Ausfahrt durch die Wache konnte es passieren, dass dieses Fahrzeug inspiziert wurde, ob sich darin Werkseigentum befindet. Da ich viele Werkschutzleute persönlich gut kannte, wurde ich nie kontrolliert. Doch viele meiner Kollegen hatten manchmal Schwierigkeiten an der Wache, da ein Auto doch viele Verstecke bietet und man nicht alles kontrollieren kann, bevor man mit einem »Leihwagen« das Werk verlässt. So auch ein Freund von mir, bei dem der Werkschutz im Dienstwagen allerlei nicht zu dem Fahrzeug gehörende Teile fand und der deswegen sofort fristlos entlassen wurde.

Einmal erging es mir ähnlich. Mittags bekam ich aus unserem norddeutschen Werk einen Anruf, dass ich dort um 14:00 Uhr an einer Besprechung teilnehmen müsste. Die Zeit war knapp. Also besorgte ich mir eine schnelle Limousine, die zwar schon für die öffentliche Straße freigegeben war, aber noch nicht verkauft wurde. Als ich die Wache passierte, erweckte ich damit Aufsehen beim Wachhabenden und einer fragte mich, ob er mal in den Kofferraum schauen dürfte, da er sich für diesen Wagen interessiere. So öffnete ich sorglos den Kofferraumdeckel und siehe da, es lagen darin vier nagelneue Reifen mit Aluminiumfelgen. Damals immerhin im Wert von etwa 2000 DM. Da ich wegen meiner Eile vorher den Kofferraum nicht kontrolliert hatte, bestand nun für mich erhöhter Erklärungsbedarf. Nach dieser Erfahrung beschloss ich, künftig noch genauer nachzuschauen.

Ein leidiges Problem war für mich mein Punktekonto in Flensburg. Weil ich oft von Besprechung zu Besprechung hetzen musste, war es zeitweise gut gefüllt. Den größten Zuwachs gab es mal mit vier Punkten in Bayern ...

Meine Kollegen unserer süddeutschen Tochter wollten mich bei einem Streit mit einem Lieferanten unbedingt als Gutachter dabei haben. Als Termin war acht Uhr morgens vereinbart. Also nahm ich in Hannover die Sechs-Uhr-Maschine, die sich aber leider wegen eines überzähligen Gepäckstückes um 45 Minuten verspätete. Um die Zeit wieder hereinzuholen, nahm ich mir in München einen BMW und düste auf der Autobahn Richtung München. Während ich sonst jeden Radarwagen rechtzeitig ausmachen konnte, hatte ich an diesem Morgen »Tomaten auf den Augen«. Denn auf einer Autobahnüberführung hatte die Polizeistation von Freising das komplette Überwachungsprogramm von Geschwindigkeiten und Abständen installiert, ohne dass ich das sah. Also düste ich auf der Überholspur in einer 120iger Zone mit 215 Kilometer/h und soll, nach der mir zur Last gelegten Beschuldigung, zu einem angeblich vor mir fahrenden Fahrzeug nur zwei Meter Abstand gehabt haben. Eine fahrerische Glanzleistung, die ich mir nicht zutrauen würde. Aber da mir ein Widerspruch kaum Erfolgsaussichten bot und ich wieder nach Freising hätte fahren müssen, akzeptierte ich die Punkte nebst Bußgeld in Höhe von 680 DM und schluckte auch die vier Wochen Fahrverbot. Es war ohnehin mein zweiwöchiger Urlaub und anschließend noch eine Schulung geplant. Deshalb konnte ich auf den Führerschein verzichten.

Auch Unmenschliches gibt es aus der Zeit Mitte der 80er Jahre zu berichten:

Fall 1:

Ein jüngerer Kollege, der ein ähnliches Aufgabengebiet wie ich bearbeitete, wurde plötzlich von seiner Ehefrau, an der er sehr hing, verlassen. Nach zwei Jahren wurde er geschieden. Bis zu diesem Zeitpunkt verrichtete er seine Arbeit unauffällig. Danach baute er ab, was auch seinen Vorgesetzten auffiel. Trotz des Wissens um seine Ehescheidung wurde er von diesen täglich gemobbt. Man warf ihm an den Kopf, was er doch für eine Niete sei. Um ihm zu helfen, prüfte ich seine von ihm verfassten Schriftstücke über Monate hinsichtlich Plausibilität, Logik und Rechtschreibung. Doch mein Mehraufwand half nicht, das sonstige Umfeld ließ ihn weiter abrutschen. Das Mobbing hatte mehr Erfolg. Er wurde schließlich für eine psychische Langzeitbehandlung eingewiesen und galt künftig als arbeitsunfähig.

Fall 2:

Als man im Februar 1977 beschloss, ein neues Cabriolet auf Grundlage des sich bis dahin gut verkauften Brot und Butter-Autos zu entwickeln, gewann mein früherer Abteilungsleiter einen erfahrenen Mitarbeiter dazu. Der kam aus einem Cabrio-Spezial-Werk in Osnabrück und leistete bis zur Serie dieses Fahrzeugs und darüber hinaus über zehn Jahre gute Arbeit für uns.

Da er jeden Montagmorgen seine Familie (Frau mit 3 Kleinkindern) verlassen musste und er erst am Freitagabend wieder zurückkehrte, entfremdete sich die Familie langsam, was ihn natürlich bedrückte. Ein Umzug hätte für die Kinder und die

Frau nur Nachteile ergeben. Hinzu kam, dass er zwar von seinem alten Arbeitgeber in Osnabrück sein Gehalt bezog, er aber im Interesse unseres Werkes agieren musste. Deshalb kam es oft mit seinem Arbeitgeber durch negative Versuchsergebnisse zu Streitigkeiten, die ihn zunehmend belasteten.

Als sich seine Frau ganz von ihm abwandte, war er völlig am Boden zerstört. Es gab für ihn keinen Grund mehr, in Osnabrück zu leben. Er stellte einen Übernahmeantrag auf Festanstellung in unserem Unternehmen, auf die er nach dem Arbeitnehmerüberlassungsgesetz nach zehnjähriger Tätigkeit im Werk gute Chancen hatte. Nach dem Arbeitnehmerüberlassungsgesetz müssen ausgeliehene Mitarbeiter sämtliches Arbeits- und Büromaterial mitbringen und dürfen nichts in ihrem neuen Einsatzort länger als drei Monate benutzen. Das traf bei ihm ganz sicher nicht zu.

Natürlich bekam unser Abteilungsleiter seinen Antrag auf den Schreibtisch, sodass er den Betreffenden zu sich befahl, um ihn erst einmal des Werkes zu verweisen.

Nun saß also dieser bis zu seinem Rausschmiss beliebte Leihmitarbeiter fern seiner kaputten Familie wochenlang im Hotelzimmer und wartete auf den Fortgang seines Übernahmeantrages - bis alles ihn psychisch zermürbte und er sich das Leben nahm.

Ein langjähriger Kollege, der sich wegen unwürdigen Verhaltens unseres Abteilungsleiters das Leben nahm, nur weil er unter den gleichen Bedingungen wie seine Kollegen arbeiten wollte und dieses ewige hin und her in seiner Situation einfach nicht mehr ertragen konnte.

Diese Geschehnisse und die mangelhafte Kollegialität untereinander waren mit ein Grund dafür, dass ich an den offiziellen Abteilungs- oder Weihnachtsfeiern nie teilnahm. Nun will ich die Schuld nicht nur meinen Kollegen zuschieben. Vermutlich hatten mein Verhalten und die tägliche Stresssituation, die von unseren Vorgesetzten ausgelöst wurde, hauptsächlich in den letzten Jahren mit dazu beigetragen. Dafür wurde ich des Öfteren von befreundeten Kollegen aus anderen Abteilungen zu Feiern eingeladen.

Dieser Kontakt wurde von meinem Vorgesetzten ungern gesehen.

Er schmiedete einen Plan, mich von meinem mit mir befreundeten Unterabteilungsleiter aus der Konstruktion durch ein Wechseln meines Aufgabengebietes zu trennen. Dazu nutzte er die Abwesenheit unseres Bereichsleiters. Dabei hatte er allerdings die Rechnung ohne den Wirt gemacht. Dieser stellte nach seiner Rückkehr den Urzustand wieder her - inklusive Maßregelung des Abteilungsleiters.

Auch hier wird man bei derartiger Vorgehensweise wieder an das bereits zitierte »Schwarzbuch« erinnert. Wie würde Adam Riese es mathematisch darstellen: Dubiose Führung + gestandene Gewerkschafter + Politik = ein Konzern, von dem die Mafia noch etwas lernen kann!

3. Kapitel

Als ich den Realschulabschluss im Jahr 1961 erhielt, hatte ich schriftliche Zusagen für diverse Lehrstellen. Eine Lehre als Fernmeldetechniker bei der Post, eine als Werkzeugmacher bei den Roto-Werken in Königslutter sowie bei der Braunschweigischen Maschinen-Bau-Anstalt (BMA) und auch noch die Einstellzusage der Polizeischule in Hameln. Doch die eigentliche Automobilfirma, für die ich mich entscheiden wollte und bei der ich die 3-tägige Aufnahmeprüfung absolviert hatte, ließ sich Zeit.

Während mein ältester Bruder Industrie-Kaufmann und mein mittlerer Bruder Beamter wurde, stand für mich fest, dass nur ein Metallberuf infrage kam. Bereits von früher Kindheit an baute ich Fahrräder aus Schrottteilen zusammen, die ich für mich, meine Brüder und noch andere meiner vielen Freunde montierte. Später wurden aus den Drahteseln Mopeds, Motorroller, Motorräder und Autos. Fahrzeuge aller Art waren einfach solange ich denken kann mein Hobby.

Im Alter von 16 Jahren erstand ich mein erstes Moped, und zwar eine DKW-Hummel von meinem mittleren Bruder. Ich war natürlich stolz und stattete sie mit vielen Extras aus. Allerdings konnte ich mich nicht lange daran erfreuen. Eine feuchtfröhliche Nacht, angereichert mit einem Laternenpfahl, ließ den Traum zum Albtraum werden. Mein Fortbewegungsmittel in der nächsten Zeit war wieder das Fahrrad.

Da muss ich allerdings einräumen, nicht ausschließlich. Heimlich bestieg ich, wenn die Gelegenheit günstig war, das Panther-Moped meines ältesten Bruders. Wenn die Gelegenheit dann doch nicht so passend war, wie ich angenommen hatte, gab es Stunk. Dieser misstrauische Zeitgenosse befestigte nämlich zwischen seinem Moped und der Wand in der Garage einen dünnen Zwirnsfaden und konnte später am gerissenen Faden erkennen, ob sein Krad in seiner Abwesenheit gefahren wurde oder nicht. Weil ich aber unheimlich gerne mit einem Kraftfahrzeug unterwegs sein wollte, nahm ich den späteren handfesten Krach unter Brüdern einfach in Kauf.

Mit 17 - ohne Führerschein - drehte ich so manches Mal noch vor der Schule ein paar Runden mit dem Auto meiner Eltern, einem Opel-Record. Die Touren blieben unentdeckt, bis ich einmal im Winter in einer Schneewehe stecken blieb und erst später, als meine Eltern wach waren, nach Hause kam. Natürlich gab es Ärger; zumal mein Vater bei der Justiz beschäftigt war und solche Dinge gar nicht schätzte.

Nachdem ich einen Tag vor meinem 18. Geburtstag die Führerscheinprüfung bestanden hatte, erwarb ich zwei Wochen später eine Vespa 160 GS mit 8 PS und allerlei Geklüngel, wie verchromtem Auspuff, verchromten Sturzbügeln und überdimensionalen Donald-Duck-Aufklebern am Windschott. Es war ein schnelles Schmuckstück, um das mich viele Gleichaltrige beneideten. Die Beschleunigung war so gewaltig, dass, wenn man die Kupplung zu schnell kommen ließ, die Karre vorne hochging und man mitsamt dem Roller auf dem Rücken landete.

Da zu dieser Zeit auch ein Vespaklub in Wolfsburg existierte, trat ich diesem bei. So unternahmen wir im Sommer viele Fahrten an die Nord- und Ostsee oder in den Harz sowie nach Süddeutschland und in die Alpen.

Eine Tour davon werde ich nie vergessen. Wir kamen am Sonntagabend mit acht Maschinen von einem Wochenendtrip aus Kiel zurück und befanden uns im Pulk in der Nähe von Bad Segeberg. Da meine Maschine nach ein paar kleineren, aber erlaubten Korrekturen mit ca. 125 Kilometer/h Höchstgeschwindigkeit die Schnellste war, fuhr ich mit meiner Sozius-Begleiterin an der Spitze. Plötzlich aus heiterem Himmel platzte der hintere Reifen und die Maschine stellte sich quer. Wir flogen beide von der

Der Autor beim Vespa-Geschicklichkeitsturnier in München 1962.

Maschine, überschlugen uns - zum Glück in Lederbekleidung-, auf der Straße und schlitterten auf dem Asphaltbelag dahin. Zum Glück kam in dem Moment kein Fahrzeug, denn das hätte unabsehbare Folgen gehabt. Während meine Begleiterin einige Knochenbrüche und Hautabschürfungen davon trug und mit dem Krankenwagen ins Krankenhaus gebracht werden musste, hatte ich nur einige Hautabschürfungen abbekommen. So konnte ich meine Vespa notdürftig reparieren und selbst nach Hause fahren. Bis auf die durchgeschrammten Sturzbügel war meine Maschine bei dem Unfall relativ gut weggekommen. Erleichtert erfuhr ich am Abend, dass meine Begleiterin keine Folgeschäden erlitten hatte. Nach einer Woche durfte sie das Krankenhaus wieder verlassen.

Wie ich später erfuhr, gab es bei diesem Typ häufig infolge des enorm hoch drehenden Motors derartige Unfälle. Meist infolge eines Kolbenfressers, der ebenfalls zu fürchterlichen Stürzen führen konnte. Dabei konnte wegen des direkten Kardanantriebs, statt des sonst bei Motorrädern üblichen Kettenantriebs, das Hinterrad blockieren. Das Risiko konnte nur durch eine etwas fettere Benzinmischung und durch ein fortwährendes Spielen mit dem Gas minimiert werden.

Da ich die höheren Unterhaltungskosten bei der Anschaffung nicht berücksichtigt hatte, sprang mein mittlerer Bruder ein, mit dem ich dann Gefährt und Kosten brüderlich teilte.

So kam es, da der öffentliche Nahverkehr zu meiner 27 Kilometer entfernten Arbeitsstelle schon damals im Argen lag, dass ich Sommer wie Winter mit der Vespa dorthin fahren »musste«.

Später erwarb ich einen Opel Rekord, einen 770er Fiat Jagst, einen VW-Käfer und nach Beendigung meiner Lehre einen Mercedes 190, bis ich mir einen 200er leisten konnte. Da ich zwangsläufig kein Geld für aufwendige Auto-Reparaturen in Werkstätten hatte, musste ich alles selbst machen und richtete mir nach und nach im Hause meiner Eltern eine komplette Werkstatt ein.

Mein später erbautes Haus erhielt eine Doppelgarage als Werkstatt, die mit Lackierkabine, Reparaturgrube für Fahrzeugunterböden und einer Laufkatze an der Decke für Motorumbauten ausgerüstet war. Diese war lange vor der Fertigstellung meines Hauses nutzbar. Das sprach sich bald in meinem Wohnort herum, sodass die Nachbarschaftshilfe blühte.

Statt einer Geldzuwendung für die Reparaturen ihrer Autos verpflichteten sich meine damaligen »Kunden«, mir beim Bau zu helfen.

4. Kapitel

Den ersten Neuwagen (einen sogenannten Jahreswagen) kaufte ich bereits 1964 nach meiner Lehrzeit zu dem mir zustehenden Werksangehörigen-Rabatt. Davon gingen nochmals 19 % für ehemalige KDF-Sparer ab. Meine Eltern hatten in der Nazi-Zeit einen derartigen Vertrag abgeschlossen, das kam mir jetzt zugute.

Zur damaligen Zeit musste ein Neuwagen mit Werksrabatt mindestens elf Monate selbst gefahren werden, bevor man ihn verkaufen konnte. Später, als der Jahreswagenverkauf nicht mehr so florierte und man froh war, überhaupt einen Käufer zu finden, konnte der Wagen schon nach 9 Monaten abgegeben werden.

Während ich an meinem ersten Neuwagen bei einem Kaufpreis von bis 5000 DM beim Privatverkauf noch 300 bis 800 DM verdiente, musste ich später auf dem Gebrauchtwagenmarkt auch bis zu 5000 DM Verlust hinnehmen. Allerdings kostete mein zuletzt am 21. 12. 2006 gekauftes Neu-Fahrzeug mit einigen notwendigen Extras, ein Sharan Freestyle, auch schon über 34.000 Euro.

Früher war der Werksrabatt für Werksangehörige noch sehr lukrativ. Doch heute mussten die Händler erhebliche Abnahmeverpflichtungen pro Jahr gegenüber dem Werk eingehen, sodass sie ebenfalls hohe Rabatte geben müssen, um nicht auf Neufahrzeugen sitzen zu bleiben. In meinem Wohnort war ein Händler einer anderen Marke, der immer einen großen Vorrat an Neuwagen älteren Baujahres hatte. So verkaufte er seine Neufahrzeuge mit Nachlässen nicht mehr ab Werk, sondern ab Wiese. Das war der Platz hinter seiner Werkstatt, wo die Neu-Fahrzeuge monate- oder jahrelang auf Käufer warteten.

Über die Jahre läpperte sich meine Anschaffungsstatistik an Neuwagen zusammen, sodass ich bei meinem altersbedingten Ausscheiden im September 2003 den 40. Neuwagen übernommen hatte. Das jeweilige Alter meiner Autos bei Abgabe war meistens zwischen 9 und 13 Monaten. So flossen durch meine Neuwagenkäufe fast 900 000 DM an den Konzern zurück.

5. Kapitel

Zurück zu meiner Wartezeit auf die ersehnte Lehrstelle. Kurz vor Torschluss bekam ich den brennend erwarteten Brief. Ich war im Konzern willkommen. Es wurde mitgeteilt, dass ich die Aufnahmeprüfung bestanden hatte und am 1. 4. 1961 als Maschinenschlosserlehrling anfangen könne. Begeistert kündigte ich mein »Erscheinen« an.

Die Ungewissheit hatte mir zugesetzt, denn zu dieser Zeit wurden fast ausschließlich Lehrlinge eingestellt, die dort bereits durch Verwandtschaft »verankert« waren.

Die Lehre als Maschinenschlosser im Automobilwerk war hart, aber fachlich top, sodass ich viele der dort erlernten Tätigkeiten später als Versuchsingenieur gut nutzen konnte, ohne dass ich dafür prädestinierte Werkstätten aufsuchen musste. Dies war keine Kostenfrage, sondern eine der bei Prototypen obligatorischen Geheimhaltung.

Einmal pro Woche war halbtags Berufsschulunterricht. Zusätzlich gab es noch intensiven Werksunterricht, bei dem praktische Übungen im Werk, theoretisch von eingehenden Berechnungen begleitet wurden. Während meiner 2-jährigen Gesellenzeit wurde ich zwei Jahre in der Maschinenreparatur eingesetzt.

Es war wegen des Verschleißes ganz klar, dass an den Großpressen, an denen die Seitenteile und Dächer der Autos aus Blech geformt wurden, immer etwas zu reparieren war. Fiel eine Presse aus, so entstand eine Materiallücke im Produktionsprozess und die Hallenleitung war unter Druck. Die Pressen mussten immer rasch instand gesetzt werden. So wurde ich als Junggeselle oft gebeten, rund um die Uhr zur Verfügung zu stehen und mein Nachtlager im Keller aufzuschlagen. Meine Hauptaufgabe war die Reparatur der Kupplungen, die am stärksten belastet waren. Die befanden sich meistens oben auf den Pressen und mussten zur Reparatur mit einem Kran nach unten gehievt werden. Weil alles schnell gehen musste, aber Kranführer und Betriebselektriker meist nicht zur Verfügung standen, wenn ich sie gebraucht hätte, machte ich das selbst – obwohl es untersagt war. Es musste ja alles schnell gehen. Nach dem Ausfall einer wichtigen Stufenpresse kam viertelstündlich der Hallenleiter vorbei und drängte.

Die Demontage der Zahnräder von der Welle war kompliziert und gefährlich. Diese lösten sich nur mit Hilfe von hydraulischen 500 Tonnen Abziehvorrichtungen unter Zuhilfenahme von Schweißbrennern. Durch den wochenlangen Tag- und Nachteinsatz waren die Zahnkränze, die auf der Welle mit einer Feder verkeilt waren, manchmal wie verschweißt mit der Welle. So kam es vor, dass ein Zahnrad oder ein Doppeltonnenlager mit einem Meter Durchmesser und einem Gewicht von 200 kg, wie ein Geschoss unkontrolliert durch die abgesperrte Halle flog.

6. Kapitel

Neben meiner Maschinenschlosserlehre absolvierte ich ein parallel laufendes Abendstudium an der Teutloff-Schule. Später hatte ich mich entschlossen, ein dreijähriges Studium zu absolvieren.

Aus Sorge, dass mein erspartes Geld die paar Jahre nicht reichen würde, arbeitete ich nachmittags zusätzlich in einer kleineren Firma, die selbst entwickelte höhenverstellbare Couchtische und hochglanz-verchromte Servierwagen herstellte. Erst war ich dort Maschinenbediener sowie Einrichter, dann Monteur und E-Schweißer, später dann technischer Betriebsleiter. Mit der Zeit nahm mich die Firma während meines Studiums total in Anspruch. Manchmal fuhr ich zwei Mal in der Woche, trotz der Unterrichtszeit, mit einem LKW zu einem Großkunden in Bayern und lieferte die Ware an. Bei der Gelegenheit präsentierte ich dort gleich unsere Neuentwicklungen und nahm die Anschlussaufträge gleich mit.

Um trotzdem den Anschluss an mein Studium nicht zu verlieren, musste ich unterwegs bei Fahrpausen oder Übernachtungen in Hotels meine Nase in Lehrbücher stecken. Rückblickend war das eine harte Zeit; zumal ich später in der kleinen Firma oft nachts arbeiten musste, damit wir überhaupt die Tische für unseren einzigen Kunden rechtzeitig fertigen konnten. Aber unser Kunde war eine auf dem Möbelmarkt bedeutende Firma, die wir nicht verlieren durften.

Als ich im Sommer 1967 wieder mit dem LKW auf einer solchen Gewalttour seit morgens um 3:30 Uhr unterwegs war, fielen mir hinter Kassel die Augen zu. Ich geriet mit dem beladenen LKW auf den Grünstreifen und driftete auf das Bankett ab. Nur durch eine Leitplanke wurde ich vor dem Sturz über eine Böschung bewahrt.

Mein Chef, der sich mehr auf Entwicklung und Verkauf spezialisieren wollte, bot mir an, diese Firma als technischer Leiter zu übernehmen, was ich aber letztlich ablehnte, um nach Beendigung meines Studiums in die Entwicklung eines Automobilwerkes zu wechseln.

Das war auch gut so, da mein Chef sich später durch Zukäufe infolge des auf diesem Sektor großen Konkurrenzkampfes finanziell übernahm. Zusätzlich erschwerte ein Großbrand die Lage. Ein paar Jahre später war er insolvent.

7. Kapitel

Schließlich bewarb ich mich Ende 1968 mit einem Alter von 25 Jahren bei besagtem Automobilkonzern.

Bei meinem Vorstellungsgespräch in der Personalabteilung Anfang Januar 1969 ließ der Bereichsleiter mir die Wahl zwischen Konstruktion, Planung und der Versuchsabteilung der technischen Entwicklung.

Da ich bereits von 1961 – 1964 als Maschinenschlosser-Lehrling Einblicke in Konstruktions- und Planungsaufgaben bekommen hatte, entschied ich mich aus Neugier für die Versuchsabteilung. Die wurde gerade neu strukturiert und wegen des guten Fahrzeugabsatzes sowie der gestiegenen Anforderungen an die Fahrzeuge wesentlich erweitert.

Die mit dem Unternehmen und der IG Metall vereinbarte Tätigkeitsbeschreibung eines Versuchsingenieurs umfasste sechs Stufen und wurde entsprechend der Bedeutung vergütet. Dabei war es egal, welchen Schulabschluss, welches Studium oder welchen Titel der oder (die)-jenige hatte. So kam es häufiger vor, dass ganz einfache Hilfsschlosser durch Anbiederung beim Vorgesetzten aus dem Lohnbereich in das Angestelltenverhältnis wechselten, ohne über die entsprechende Kompetenz zu verfügen. Alle Neueinstellungen wurden nach folgendem Schema eingestuft:

- Einfache Durchführung von Versuchen mit Ergebnisauswertung nach Anweisung.
- Durchführung von Versuchen nach Anweisung mit Auswertung der Ergebnisse in Berichtsform.
- Durchführung von selbstständigen Versuchen mit Ergebnisauswertung, Vorschlägen zur Verbesserung und Dokumentation in Berichtsform.
- Selbstständige Durchführung von schwierigen Versuchsreihen mit eigenen Ideen zur Weiterentwicklung von Prüfständen und Durchführung von Grundsatzuntersuchungen. Umfangreiche Dokumentation in Berichtsform und Verfolgung der weiteren Maßnahmen.
- Selbstständige Durchführung von schwierigen Versuchsreihen mit Einbindung und Koordination anderer Fachbereiche oder Zulieferern. Federführende Dokumentation in Berichtsform.
- Leiten eines Versuchsteams mit schwierigsten Sonderaufgaben oder fachliche Führung von Mitarbeitern.

8. Kapitel

Wenn sich ein Kunde für den Kauf eines neuen Autos entscheidet, kann er nicht ahnen, was alles, von der Planung über die Entwicklung mit unzähligen Tests, unternommen wurde, bis sein Fahrzeug beim Autohändler im Glaspalast stand.

Ferner kann kein Kunde wissen, wie viele interne, gesetzliche und länderspezifische Vorgaben ein neu entwickeltes Auto erfüllen muss, bis es letztendlich für den öffentlichen Verkehr freigegeben wird.

Sämtliche Fahrzeugerprobungen bis zum SOP-Produktionsstart (im Fachjargon = Start of Production) des Serienautos müssen fehlerfrei verlaufen. Dazu gehören Erprobungsextreme wie: »Himmel«, sprich Passstraßen in den Anden (-50 °C Kälte, vereiste Straßen, mannshohe Schneewehen, Eisregen, 5000 Meter Höhe mit dünner Luft). Dazu kommt das andere Extrem: »Hölle«, wie zum Beispiel das Tal des Todes, das »Death Valley« in den USA, 130 Meter unter dem Meeresspiegel mit +60 °C, Staub- und

Gravelroadstrecken und zahllose andere Prüfungen.

Natürlich gehen und gingen die Entwicklungskosten vom ersten Zeichnungsstrich bis zur Auslieferung des neuen Modells in einige Milliarden DM, die selbstverständlich später über sechs Jahre wieder eingefahren werden mussten.

Denn wie sorgfältig in der Entwicklung gearbeitet wurde, drückte sich nach dem Serienanlauf nicht nur im Fahrzeugpreis aus, sondern auch in der Versicherungseinstufung, der Reparaturanfälligkeit, der Reparaturfreundlichkeit und der Kundenzufriedenheit. All diese Punkte galt es von Anfang an zu berücksichtigen.

Der Verkaufspreis eines Autos richtete sich jeweils hauptsächlich nach den Entwicklungs- und den Fertigungskosten. Zusätzliche Kostenfaktoren waren Marketing, Vertrieb und Garantie- sowie Kulanzkosten, die sich ebenfalls im Verkaufspreis widerspiegelten.

Die Anforderungen an einen Versuchsingenieur sind hoch, denn seine an einem Produkt erarbeiteten Ergebnisse zur Problemlösung können oft hohe Investitionen verursachen, den Beginn der Serienfertigung verschieben oder das Produkt unmittelbar vor einem Serienanlauf gänzlich infrage stellen.

Deshalb mussten gewonnene Versuchsergebnisse in Berichten festgehalten und mit den einzelnen Details den betroffenen Fachabteilungen übergeben werden. Kritischen Fragen durfte in keinem Fall ausgewichen werden – das war ein Credo.

Dabei wurden Planungs-, Design- und Konstruktionskollegen, die sich das gute Stück ausgedacht hatten, zu meinem Leidwesen oft verärgert.

9. Kapitel

Obwohl mich als Neuling in dieser Abteilung von 30 Versuchsingenieuren und als Autofetischist Aufgaben der Kollegen interessierten, musste ich mich erst mit dem Lesen von Versuchsberichten und dem Studieren von Mess-Protokollen beschäftigen. Natürlich wurden die Neulinge von den älteren Kollegen auch zum Telefondienst verdonnert, wenn man allein im Büro zurückblieb. Diese ungeliebte Aufgabe wurde grundsätzlich dem *Dienstjüngsten* übertragen.

Als einer meiner Kollegen gerade Versuche auf unserer kleinen Schnellbahn mit Höchstgeschwindigkeit fuhr, machte er sich einen Spaß daraus, mich zu bitten, mit ihm zwecks Ablesung von Messwerten mitzufahren. Ich mussste mich auf die hintere Rückbank setzen und die Messgeräte, die extra für mich auf der Hutablage montiert waren, während dieser Fahrt im Auge behalten. Dann ging es in Hochgeschwindigkeit los. Obwohl die Steilkurven seitenkraftfrei nur bis 150 Kilometer/h ausgelegt waren, zischte er jetzt mit 170 Kilometer/h am äußersten Rand auf den Blechstreifen entlang, wobei mir hundeelend wurde. Später erfuhr ich, dass diese Prozedur mit allen Neulingen veranstaltet wurde, um nicht nur die Grenzen des Autos, sondern auch die Belastbarkeit des Neuen zu erforschen.

Eine weitere kollegiale Eignungsprüfung für Versuchsingenieure war ein Schnellfahren nach Stoppuhr mit verschiedenen Fahrzeugmodellen über einen kurvenreichen Rundkurs, der zusätzlich noch unterschiedliche Fahrbahnbeläge hatte. Hier stellte sich bald heraus, dass mir von den älteren Kollegen keiner das Wasser reichen konnte und ich erzielte bald Bestzeiten.

Eine häufige Unfallursache ist der plötzlich auftretende Seitenwind, wie zum Beispiel beim Überholen eines Lkws, dem Überqueren einer Brücke oder beim Herausfahren aus einem Waldgebiet mit höheren Geschwindigkeiten. Gefürchtet - und dementsprechend beschildert - ist diesbezüglich die Autobahn zwischen Montpellier und Perpignan in Südfrankreich. Hunderte zertrümmerte Wohnwagen legen jedes Jahr Zeugnis davon ab. Um hier die dafür verantwortlichen Einflüsse von unterschiedlichen Reifen und Karosserieseitenformen zu testen, hatten wir eine Seitenwindanlage errichten lassen, an der mit Höchstgeschwindigkeit vorbeigefahren werden musste. Wer darauf nicht gefasst war, fand sich später um bis zu drei Meter in der Spur versetzt wieder. Keinesfalls durfte man Erschrecken und das Lenkrad verreißen. Auch dies war als Test für Neulinge sehr beliebt.

Neben meiner Versuchsabteilung, die für die Karosserie und alle angrenzenden Anbauteile sowie für Geräusche zuständig war, gab es noch die Fahrwerks-, Motoren-, Getriebe-, Sicherheits- und Elektrikabteilungen, die zentral angesiedelt und schnell zu erreichen waren.

Bis zu meiner Einstellung wurde hauptsächlich ein Modell in vielen Abwandlungen erfolgreich produziert und in jedem Jahr, meistens zum Werksurlaub, mit nur einigen Änderungen versehen. Bis 1972 wurden über 15 Millionen Fahrzeuge verkauft, die sich durch Zuverlässigkeit, Langlebigkeit und Robustheit äußerste Beliebtheit verschafften. Auch war der Wiederverkaufswert gegenüber vergleichbaren Autos wesentlich höher und somit ein stichhaltiges Verkaufsargument.

Durch höhere Sicherheitsanforderungen seitens der Gesetzgeber, oder durch länderspezifische Vorschriften (60 % der Fahrzeuge gingen in die USA) mussten an diesem Modell laufend Änderungen vorgenommen werden. Schließlich waren alle Möglichkeiten ausgeschöpft und dieses Modell wurde in Deutschland nicht mehr erzeugt. Die Produktion dieses Modells wurde 1986 nach Südafrika, Brasilien und Mexiko ausgelagert und im Jahre 2002 eingestellt.

Anfang der 70er Jahre wurden Reisen in ferne Länder erforderlich. So machte ich meine erste Dienstreise nach Hongkong, um nach Lieferanten für Gummistrangprofile zu fahnden, die Erfahrung mit Hart-/Weichmischungen hatten. Um mich an die Zeitverschiebung zu gewöhnen, gönnte ich mir drei freie Tage in Bangkok, die ich niemals vergessen werde. Als ich nachmittags im Hotel eintraf, legte ich mich auf mein Bett und steckte mir eine Zigarette an. Dabei schlief ich ein und erwachte erst, als offene Flammen aus meinem Bett loderten. Sofort sprintete ich in das Badezimmer, um mit einem Zahnputzglas voll Wasser, was anderes war nicht greifbar, die Flammen zu löschen. Nach dem 25. Mal dachte ich, das Feuer gelöscht zu haben und legte mich in das andere Bett, um die restliche Nacht zu schlafen. Allerdings wurde ich durch einen schrecklichen Husten geweckt und sah, dass das gesamte Zimmer voll Rauch war. Der wurde zum Glück durch die Klimaanlage abgesaugt. Zwar hatte ich die offenen Flammen gelöscht, nicht aber den Schwelbrand in der Gummihaarmatratze, der diesen erbärmlichen Rauch verursachte. Also machte ich mich wieder auf ins Badezimmer, um mit dem mit Wasser gefüllten Zahnputzbecher die Glutnester zu löschen. Das gesamte Bett war mittlerweile inklusiv der Bettwäsche verbrannt. Was sollte ich tun? Nervös wurde ich, als ich im Flur das Putzlappengeschwader näher kommen hörte. Als ich meine Zimmertür öffnete, konnte ich in das gegenüberliegende Zimmer schauen, in dem zwei schöne Betten standen. Mir ging durch den Kopf, dass ich schnell mein verbranntes Bett gegen das im gegenüberliegenden Zimmer umtauschen könnte oder mein verbranntes Bett einfach auf den Balkon schieben. Zum Glück stoppte ich meine abwegigen Überlegungen, griff zum Telefon, rief die Hotelmanagerin an und bat sie um einen Besuch. Als sie kam und mein Missgeschick sah, musste sie sich erst einmal setzen. Sie erläuterte mir nach einer Weile, dass es oft Brände im Hotel gegeben habe, aber so etwas wie bei mir, sei noch nicht vorgekommen. Zur Begleichung des Schadens einigten wir uns dann auf die Zahlung von 600 DM.

Damit aber noch nicht genug. Am nächsten Tag mietete ich einen Leihwagen, mit dem ich in die Stadt wollte. Der dort herrschende Linksverkehr machte mir nichts aus, den war ich von England und Südafrika gewohnt. Was ich allerdings nicht wusste, war, dass die dortigen Fahrzeuge keine Bremslichter hatten. Als ich flott einem bunt bemalten Pick-up folgte, und der plötzlich ohne ersichtlichen Grund bremste, war es passiert und ich rammte ihn von hinten. Während am Pick-up kaum Unfallspuren sichtbar waren, war mein Toyota vorn ziemlich ramponiert. Verformungen am Stoßfänger, am Kühlergrill und an den Scheinwerferblenden dokumentierten den Zusammenprall. Natürlich war auch gleich eine Polizeistreife zur Stelle, die mir als Unfallverursacher 500 USD abverlangte. Bei 38 °C Außentemperatur und über 90 % Luftfeuchte saß ich vor dem Hotel und reparierte meinen ramponierten Leihwagen, damit ich hier nicht auch noch einige Hundert USD hinblättern musste.

Während sich die Beulen aus den lackierten Teilen herausdrücken ließen, musste ich für die verchromten Teile Schablonen aus Hartholz anfertigen. Da ich ja vom Fach war, waren mir diese Reparaturen recht gut gelungen, sodass niemand bei der Fahrzeug-Rückgabe etwas bemerkte.

Einige Wochen nach meiner Arbeitsaufnahme bedrängten Kollegen meinen Gruppenleiter, mir doch kleinere überschaubare Aufgaben zur selbstständigen Bearbeitung zu übertragen.

Es gab an den meisten Fahrzeugen wegen der Entwicklung leistungsfähiger Motoren und der höheren Geschwindigkeiten stärkere Windgeräusche. Mir fiel die Aufgabe zu, diese Ursachen zu ermitteln und bezahlbare Abstellmaßnahmen zu entwickeln, die sich kurzfristig umsetzen ließen.

Wir wurden von anderen Abteilungen als reiner Dienstleistungsbetrieb angesehen und deshalb war für jedes Problem vom Auftraggeber ein offizieller Versuchsauftrag zu erstellen. Für mich war deshalb anhand des Ausstelldatums und des vergilbten Papiers leicht zu erkennen, dass es sich hier um Uralt-Aufträge handeln musste, an denen sich schon einige vor mir die Zähne ausgebissen hatten.

Eifrig machte ich mich deshalb an die Arbeit, um die meiner Meinung nach noch offengebliebenen Untersuchungen durchzuführen. Von den in den ersten Monaten studierten Versuchsberichten konnte ich nichts ableiten, da jeder Fall individuell zu bearbeiten war und bisherige Prüfverfahren nicht festgelegt waren.

Deshalb schlug ich meinem Gruppenleiter vor, dass wir alle gewonnenen Erfahrungen bei der Prüfung unserer bisherigen Baugruppen zusammenschreiben sollten, um als späteres Ziel einen einheitlichen standardisierten Prüfkatalog zu haben. Ferner könnten die daraus gewonnenen Ergebnisse gleich als Forderung mit in die Zeichnungen aufgenommen werden.

Im Gegensatz zu meinen Kollegen fand er das so toll, dass er umgehend seinen Chefs vorschlug, meinen Vorschlag umzusetzen. Allerdings wollte er alles innerhalb der nächsten vier Monate abgeschlossen wissen. Was ich dabei nicht beabsichtigt hatte, war, dass diese zusätzliche Arbeit jetzt auch alle meine Kollegen machen mussten.

Kaum war diese Order heraus, beobachtete ich einen Kollegen, der eine Erfahrungssammlung über sein Fachgebiet »Türscharniere« schreiben sollte, wie er schrieb und in zahlreichen von ihm bereits verfassten Berichten stöberte. Da mir das als Neuling vorbildlich erschien, machte ich mich auch gleich neben den jetzt angeschobenen Tätigkeiten an die Arbeit, bisher gewonnene Erfahrungen mit Erprobungen von Türfeststellern, Fensterhebern, Türschlössern und Schiebedächern herauszusuchen.

Was ich noch nicht wusste, war, dass mein Gruppenleiter die Effizienz seiner Leute unabhängig vom Inhalt, nach dem Umfang der Berichte beurteilte, die er exakt mit der Schieblehre kontrollierte. Egal welcher geistreiche Inhalt ihm zur Beurteilung übergeben wurde. So war für mich im Nachhinein zu erklären, weshalb mein Kollege schrieb und schrieb, obwohl der serienmäßige Zustand der Türscharniere zum Ärgernis der Kunden zu wünschen übrig ließ. Wäre ich Gruppenleiter gewesen, so hätte ich den zuständigen Kollegen ermahnt, er hätte den Zeitaufwand für diesen Bericht besser in das Problem »Türscharnier« stecken sollen, um damit der Entwicklung eines verbesserten Türscharniers zu dienen.

Obwohl ich die ersten Wochen in meiner neuen Versuchsabteilung Versuchsberichte gelesen hatte, musste ich zur Erstellung dieser Erfahrungssammlungen nochmals alles durchgehen und zusammenschreiben. Öfters fiel mir auf, dass viele Arbeiten von unterschiedlichen Kollegen zum Teil doppelt gemacht wurden, wobei sie jedoch völlig unterschiedliche Ergebnisse erzielten. Das bedeutete für mich, dass ich diese Kollegen, falls sie noch greifbar waren, in dieser oft jahrelang zurückliegenden Sache befragen musste. Davon am meisten betroffen war jedoch ein Kollege aus meiner Abteilung, der erst eine Woche vor meinem Arbeitsantritt bei einer Versuchsfahrt tödlich verunglückt war und ich mir somit anders helfen musste.

Für die Erstellung der Erfahrungssammlungen hatten wir sechs Monate Zeit, die dann später um zwei Monate erweitert wurde, da die aktuellen Versuchsaufträge auf jeden Fall termingerecht abgearbeitet werden mussten.

Danach bekamen wir den Auftrag, aus den Ergebnissen der Erfahrungssammlungen für jedes Teil einen Prüfkatalog mit der Angabe exakter Parameter zu erstellen. Diese waren dann auch in die Zeichnungen einzuarbeiten, damit die Zulieferer exakt wussten, welche Anforderungen an das Teil gestellt wurden. Dies war wichtig, damit diese Firma bereits im eigenen Hause entsprechende Tests durchführen konnte und sie dann für ihr Produkt verantwortlich waren.

Hierin lag der große Vorteil für die Unternehmen, da bisher alle Tests von uns durchgeführt wurden und erst beim Auftreten von Fehlern diese Firma reagieren konnte. So wurden gleich Abstellmaßnahmen erarbeitet und damit konnten Entwicklungszeit sowie Kosten gespart werden. Außerdem hatte es unser Einkauf leichter, die von den Zulieferern geforderten Preise nachzuvollziehen.

Hier fällt mir eine lustige Anekdote ein: Als ich einmal samstags früh in mein Büro kam, lag auf meinem Schreibtisch das Schreiben eines Kunden an unseren Entwicklungsvorstand, das mir zur Bearbeitung übergeben wurde. Da wollte doch tatsächlich einer detailliert wissen, wie man in dem Auto den Geschlechtsakt vollziehen könnte, ohne dass die Türen geöffnet sind. Also befragte ich meine jüngeren Kollegen (Kolleginnen gab es damals bei uns noch nicht), von denen ich glaubte, dass sie einschlägige Erfahrungen haben. Als Fazit stellte sich heraus, dass, ohne ins Detail zu gehen, hierfür die oben an den B-Säulen angebrachten Schlaufen geeignet seien, um die Füße der Partnerin dort zu befestigen. So sei es bei heruntergeklappten Rückenlehnen, die es damals nur als Extras gab, möglich »zu Werke zu gehen«. Genauso hatte ich das dem Kunden über das Vorstandsmitglied schriftlich mitgeteilt. Ob der Kunde mit dieser Auskunft zufrieden war, entzieht sich meiner Kenntnis, da er sich nie wieder bei uns meldete.

Bevor es diesen Prüfkatalog gab, wurden alle Versuche nach Gutdünken des betreffenden Versuchsingenieurs durchgeführt, wobei manchmal wichtige Versuche unterlassen wurden.

Durch Einführung des Prüfkatalogs für jedes Teil am Fahrzeug bewahrheitete sich später unsere Befürchtung, dass unser Betrieb weniger gut qualifizierte Mitarbeiter wie Techniker, Kfz-Schlosser oder Kfz-Meister beschäftigte und die Lohnkosten dadurch gesenkt werden konnten. Es war ja nicht mehr so viel Gehirnschmalz gefordert, da im Prüfkatalog alle zu erledigenden Prüfungen aufgeführt waren, die dann ähnlich einer Checkliste nur abgehakt werden mussten.

Völlig überrascht wurde ich von meinem Abteilungsleiter, der mich für eine Erprobungsreise in die marokkanische Wüste als Teilnehmer vorschlug, die unsere süddeutsche Tochter mit zehn Fahrzeugen unternehmen wollte. Dabei trug er mir auf, das gesamte Spektrum unserer zu verantwortenden Baugruppen zu vertreten.

Da ich noch keine große Erfahrung mit Auslandsreisen hatte, setzte ich mich mit dem Leiter dieser Truppe in Verbindung, um meine Mithilfe bei der Reisevorbereitung anzubieten. Bald musste ich feststellen, dass das technische Ansehen unserer Mutterfabrik nicht so war, wie ich dachte.

Wir fuhren frühmorgens in Süddeutschland los, durch Frankreich und setzten im Süden Spaniens nach Algerien über, um dann weiter südlich an der marokkanischen Küste entlang in das Landesinnere zu gelangen.

Da von Hotels weit und breit keine Spur war, errichteten wir mitten in der Wüste eine Zeltstadt, die für zwei Wochen unsere Basis sein sollte. Später erreichte uns noch ein marokkanischer Wassertankwagen, der uns das nötige Trinkwasser spendierte und das Duschen ermöglichte.

Nach und nach verstanden wir uns mit den Teilnehmern besser, denn wir saßen ja alle im gleichen Boot. Abends machten wir uns ein Lagerfeuer, aßen aus Dosen, sprachen dem mitgebrachten Rotwein zu und unterhielten uns hauptsächlich über unsere Tests.

Die Erfahrung, die ich dort machen musste, wünschte ich so manches Mal den Führungskräften und Kollegen im Mutterwerk, die schon abwinkten, wenn das für sie gebuchte Hotel über keinen Swimmingpool und keine Sauna verfügte.

Ganz wichtig war bei dieser Marokkotour, wie alle zusammenhielten. Einer half ohne große Worte dem Anderen. Mit diesen Versuchsingenieuren habe ich später noch über viele Jahre in Süddeutschland ein amikales Verhältnis gepflegt.

Für mich war das hochinteressant, wie diese erfahrenen Versuchsleute an die Probleme herangingen, um sie stringent zu lösen.

Meine zweite Erprobungstour führte nach Kalabrien und war für zwei Wochen angesetzt. Die Autos wurden vorher auf Lkws dorthin transportiert. Den Erprobungsort erfuhren wir erst, als wir mit unserem Werksjet auf einem kleinen Flughafen landeten. Da ich noch neu war und mich noch nicht alle kannten, versuchte ein Abteilungsleiter mich auf dem Flughafen zu animieren, seinen Koffer zu tragen - ich verweigerte.

Die nächste Überraschung wartete im Hotel auf mich. Unser dortiger Projektleiter, der diese Reise organisiert hatte, wies mir zufällig ein großes Zimmer mit Balkon und Meerblick zu, in dem zuvor unser Entwicklungschef gewohnt hatte. Der befand sich bereits auf dem Rückflug nach Deutschland. Als der Abteilungsleiter mir auf dem Gang begegnete und mich aus dem Komfortzimmer kommen sah, auf dem er auf der anderen Seite des Ganges eine Besenkammer mit Blick auf eine Müllhalde bewohnte, wollte er unbedingt das Zimmer mit mir tauschen. Ich lehnte wiederum ab. So war die von uns verlangte gute Zusammenarbeit gefährdet. Zum Glück hatte ich in den nächsten Jahren keine Berührungspunkte mehr mit ihm.

Dieser Abteilungsleiter wurde später gefeuert, weil er als privater Jäger sein Dienstfahrzeug durch Untergebene im Dienst aufwendig umbauen ließ und ihm auch andere Unregelmäßigkeiten nachgewiesen werden konnten.

Während wir täglich mit unseren Fahrzeugen große Strecken bei 36 °C zurücklegten, um unsere Klimaanlagen in Verbindung mit den Motoren und den Karosserien zu testen, gingen wir abends zum Strand, um im Meer zu schwimmen. Um an den 25 Meter tiefer gelegenen Strand zu gelangen, mussten wir einen in den Berg gebauten Fahrstuhl benutzen. Als wir wieder einmal abends am Strand waren, zog ein schweres Gewitter auf und wir beeilten uns, ins Hotel zu kommen. Da nur vier Mann in den Fahrstuhl passten und ich noch eine Zigarette rauchen wollte, blieb ich draußen, um mit dem nächsten Hub nach oben zu gelangen. Das Gewitter war schon im Gange und der Strom fiel aus. Der Fahrstuhl mit den Kollegen blieb stecken. Durch das Donnern der Blitze hatten sowohl die im Fahrstuhl Festsitzenden als auch ich Angst, dass sich Gestein lösen und herunterfallen könnte. Handys gab es noch nicht. Also vertrauten wir darauf, dass die Leute im Hotel bemerkten, dass wir in der Bredouille saßen und den Fahrstuhl mechanisch betätigen würden oder ein Hilfsstromaggregat einschalten könnten.

Aber es vergingen drei Stunden, bis sich etwas tat und eine Rettungsmannschaft alle aus dem Fahrstuhl befreite.

10. Kapitel

Da durch die Erstellung des Prüfkatalogs einige Aufgaben ins Hintertreffen gelangt waren, mussten diese jetzt erledigt werden.

Während die Kollegen hauptsächlich Kosteneinsparungen im Auge hatten, sah ich mich eher als Vertreter der Kundeninteressen. Neben der Praxis- und Kundenorientierung galt es trotzdem die Kosten nicht zu vernachlässigen und selbstverständlich musste ich stets unternehmerisch handeln.

Ich versuchte bei meinen Prüfungen rechtzeitig an mögliche Fehlbedienungen durch den Kunden zu denken, was im Entstehungsstadium einer Baugruppe auf dem Zeichenbrett oft schwierig war. Hier waren mir später die bei vielen Erprobungen gewonnenen Erfahrungen hilfreich.

Denn bei möglichen Materialbrüchen an Fahrzeugteilen durch Gewalt- oder Fehlbedienungen wird ein Kunde, um Garantie- oder Kulanzforderungen zugesprochen zu bekommen, selten zugeben, dass er etwas falsch bedient und die mit dem Fahrzeug mitgelieferte Betriebsanleitung nicht gelesen hat.

Mit dem Fahrzeug wird in jedem Fall eine ausführliche Bedienungsanleitung mitgeliefert, die aber leider meistens vom Kunden erst beim Auftreten von Problemen beachtet wird.

Deshalb sollte bereits bei der Auslegung von Betätigungshebeln die Funktionsweise dieser Bedienungseinheit ohne besondere Hinweise eindeutig vom Kunden erkennbar sein. Es war für uns eine Selbstverständlichkeit, nicht an jeden Hebel oder Knopf einen Bedienungsaufkleber anbringen zu müssen.

Anlässlich einer entscheidenden Fahrzeugpräsentation in einer geheimen Türkeistation[2] mit unserem damaligen Big Boss 1994 musste ein neues Modell mit allen für die USA erforderlichen Aufklebern versehen werden. Als er das sah, brachte er höflich zum Ausdruck, dass er seine Fahrzeuge nicht als Litfaßsäule sehen möchte und wir uns doch gefälligst etwas anderes einfallen lassen sollten, was den geforderten länderspezifischen Vorgaben entsprach.

Mich als Nichtchemiker befragte er einmal in Arizona anlässlich einer Testfahrt nach einem chemischen Oberflächenveredelungs verfahren, mit dem an dem von ihm begutachteten Fahrzeug ein Schließbügel versehen war. Als ich gerade fieberhaft in meinem Kopf nach dem entsprechenden Lösungsansatz suchte und bereits anfing, etwas daherzupalavern, kam zum Glück unser Laborleiter, sodass ich auf ihn verweisen konnte. Schließlich kann man nicht alles wissen. Mein früherer Dozent sagte: Ein

---

2 hat nichts mit der Türkei zu tun. So wird, ganz egal wo sie sich befindet, eine geheime Versuchsstation genannt.

Student muss alles wissen; ein Dozent muss wissen, wo es steht und ein Professor muss jemanden kennen, der weiß, wo es steht.

11. Kapitel

Gefährliche Gravelroadstrecke in Kalifornien, die als Erprobungsstrecke diente. Hier wurden Geschwindigkeiten von bis zu 140 km/h gefahren, um Staub und Steine hochzuwirbeln. Dabei wurden Radhausschalen, Schweller und Funktionsteile getestet.

Die physische Belastung eines Versuchsingenieurs kann niemand nachvollziehen, der es selbst nicht miterlebt hat. Was es für einen Menschen bedeutet, wenn er zum Beispiel aus den USA kommend, am nächsten Tag bereits wieder nach China aufbrechen muss. Nicht nur die Zeitverschiebungen, sondern auch krasse Wetter- sowie Temperaturunterschiede sind zu verkraften. So kam es bei mir vor, dass ich aus dem heißen Arizona mit Temperaturen über 45 °C nach ein paar Flugstunden im kalten Alaska mit

–40 °C landete. Gleich anschließend brauste ich mit über 150 Kilometer/h im Prototyp auf vereisten Straßen oder umgekehrt über gefährliche Schotterpisten (Gravelroad) in Arizona.

Hinzu kamen die psychischen Belastungen der Trennung von der Familie. Es zerbrachen wegen der vielen Reisetätigkeiten im Laufe der Zeit auch viele Freundschaften.

Nach meinem Arbeitsvertrag konnte der Arbeitgeber als »Global Player« mich überall hinschicken, wo Not am Mann war. Zum Glück dauerten meine Erprobungsfahrten immer nur ein bis maximal vier Wochen.

Grundsätzlich war im Betrieb bekannt, und es wurde vom Top-Management so gehandhabt, dass man schneller Karriere machte, wenn man bereit war, für eine längere Zeit in ein ausländisches Tochterwerk zu gehen.

Dies wurde mir im Juni 1985 angeboten: drei Jahre China. Aber meine Familie war strickt dagegen, sodass ich ablehnte und somit daraus leider nichts wurde.

12. Kapitel

Neben meinem interessanten Job gab es natürlich auch, wie überall im Arbeitsleben, einige unangenehme Gefahrensituationen.

In meiner fast 36-jährigen Tätigkeit als Versuchsingenieur hatte ich auf Versuchsfahrten acht Unfälle. Glücklicherweise kam nie ein anderer zu schaden. Jedes Mal, meistens bei Extremfahrten auf vereisten Straßen, überschlug ich mich mehrmals, allerdings ohne mich ernsthaft zu verletzen. Gedankt sei den guten Fahrzeug-Sicherheitsvorrichtungen wie Anschnallgurte, Airbags und Crashmaßnahmen in der Karosserie. Die Fahrzeuge waren nach so einem Unfall natürlich »friedhofsreif« und wurden von unseren Unfallspezialisten »obduziert«, sprich ausgewertet.

Selbstverständlich gingen meine Fahrversuche danach jedes Mal gleich weiter. Ein paar blaue Flecken können den Enthusiasmus eines Autofreaks nicht eindämmen.

Eines Morgens hatte ich meinen Dienst im Büro bereits um sechs Uhr begonnen, um einen Termin bei einer für uns arbeitenden Konstruktionsfirma in Braunschweig wahrzunehmen. Als ich zurück ins Büro fuhr, war vor der Autobahnabfahrt ein Stau, der mich veranlasste, erstmal an allen Fahrzeugen vorbeizufahren, um so fünf Fahrzeuge vor der Ausfahrt wieder in die Kolonne einzuscheren. Aber gerade als ich einscherte, bremsten die Fahrzeuge vor mir. Auch eine Vollbremsung konnte das Malheur nicht verhindern. Mein Fahrzeug schob die vier Autos zusammen, verletzt wurde zum Glück niemand.

Nach der Unfallaufnahme durch die Polizei war das für mich erledigt, da ich ja einen Dienstwagen hatte. Als ich danach ins Büro kam, verlangte die Qualitätssicherung unseres norddeutschen Werkes von mir, gegen Mittag an einer Lieferantenbesprechung teilzunehmen. Also schnappte ich mir ein anderes Fahrzeug und zischte ab.

Auf langen Strecken war für mich der Sekundenschlaf eine immense Gefahr, da ich meistens allein im Auto war und manchmal am Jetlag litt. Wie ich mich ungern erinnere, brachte das mich und Unbeteiligte einige Male in bedrohliche Situationen.

Beim ersten Mal erkannte ich in Kalifornien, durch die Staubschleppe eines vorausfahrenden LKW, eine Kreuzung zu spät. Wobei zu spät untertrieben ist - ich registrierte sie erst, als ich schon drübergefahren war.

Durch das Beobachten der installierten Messgeräte war ich abgelenkt und überfuhr ein anderes Mal eine vorfahrtberechtigte Nationalstraße mit ziemlich hoher Geschwindigkeit trotz Stoppzeichen. Ein weiteres Mal, in Mexiko, war es eine auf rot geschaltete Ampel vor einer großen Straßenkreuzung, die ich übersah. Genau zwischen zwei Fahrzeugen, die gerade von links diese Kreuzung überquerten, schlüpfte ich durch, ohne ein Fahrzeug zu berühren. Da waren alle meine Schutzengel im Dienst gewesen. Viva Mexiko!

Dass diese Reise unter keinem guten Stern stand, wurde auch auf meinem Rückflug deutlich. Da mir meine Kollegen in Mexiko unbedingt einen Koffer mit Schadenssteilen mitgeben wollten und ich meinen regulären Lufthansa-Flug nicht mehr geschafft hätte, buchten sie mich auf einen KLM-Flug um. Da ich bisher die KLM - wegen ihrer sattsam bekannten Unpünktlichkeit - konsequent gemieden hatte, schwante mir Ungemach. Leider sollte ich recht behalten.

So wurde uns unmittelbar nach dem Boarding mitgeteilt, dass unsere 747 einen Triebwerksschaden hätte und das Triebwerk gewechselt werden müsse. So verbrachte ich mit den anderen 380 Passagieren vier Stunden im Flugzeug, bis wir endlich in Richtung Holland abheben konnten. Dass die Fluggesellschaften die Passagiere an Bord gehen lassen, obwohl sie genau wissen, dass der Vogel noch stundenlang lahmt, hat einen einfachen Grund. Sind die Leute im Flughafengebäude, werden sie auf Kosten der Fluggesellschaft »betränkt und verköstigt«. Bei 350 Menschen sind da 10.000 $ schnell verbraten. An Bord kann man sie billig abspeisen. Und wer einmal im Käfig sitzt, ist macht- und wehrlos.

Nach etwa eineinhalb Stunden Flugzeit, die Crew hatte gerade das Abendessen serviert, fielen völlig unvorbereitet alle Sauerstoffmasken von der Decke und die Crew gab Anweisung, sie wegen Druckabfalls in der Kabine anzulegen. So etwas ist keine Übung wie auf einem Kreuzfahrtsschiff vor dem Kapitänsdinner. In der Höhe von 33 000 Fuß sind solche Späße nicht üblich. Da musste schon etwas vorgefallen sein, dass keineswegs alltäglich war. Wenn bei einem Jumbo ein Triebwerk ausfällt, dann spürt man das kaum. Das alles schießt einem blitzschnell durch den Kopf und der Puls schlägt etwas schneller ...

Aus Sicherheitsgründen (sagten sie wenigstens) würden die Piloten jetzt die Maschine in einen Sturzflug überleiten, um die rettenden 7 000 Fuß über dem Golf von Mexiko zu erreichen. Sie wollten dann auf dem Airport in Orlando/Florida die Notlandung versuchen. Was mit der Maschine passiert war, wurde uns nicht gesagt. Aber für mich war es klar, dass zwei oder drei Triebwerke ausgefallen sein mussten und dadurch der Druckausgleich in der Kabine nicht mehr aufrechterhalten werden konnte.

Also hatten wir jetzt wieder in Orlando einen unplanmäßigen Aufenthalt von fünf Stunden, bevor es mit der gleichen Maschine weitergehen konnte. Da unsere Landung in Amsterdam dann um zehn Stunden verspätet war, waren alle Anschlussflüge weg und es ging mittlerweile auf Mitternacht zu. Da spendierte die KLM ein Abendessen und eine Nacht im Hotel am Flughafen, bevor es am nächsten Morgen nach Hannover weiter ging.

Ein weiteres Mal befuhr ich 1998 in Südafrika einen Highway, auf dem plötzlich ein mit Baumstämmen beladener großer LKW die

Mittelleitplanke durchbrechend auf mich zuraste und ich links über den tieferen Graben ausweichen musste. Ich landete dann, ohne auf weitere Hindernisse zu stoßen, weich in einem Acker. Im ungünstigsten Fall hätte es dieses Mal schwere Verletzungen oder den Tod für mich und andere bedeuten können.

Bereits im Januar 1972 hatte ich in Schweden einen Unfall mit unserem Brot und Butter-Auto, das seinerzeit wegen des neuen negativen Lenkrollradius bis zu meinem Unfall, als nicht umwerfbar galt und bald in Serie gehen sollte.

An dieser Stelle berichte ich jetzt, wie es dazu kam. Am Vortag spätabends wurde ich vom Flughafen Röros in Schweden abgeholt und wollte nicht gleich an das Steuer, da man sich erst langsam von dem schneefreien Deutschland kommend, an die Straßenglätte gewöhnen musste. Üblich war bei diesen Erprobungen, dass die jeweils neu ankommenden Leute wegen der hohen Schnapspreise in Skandinavien für die dort schon länger weilenden Kollegen entsprechenden Nachschub mitbrachten. Unvorsichtigerweise erzählte ich beim Abendessen, was meine Koffer neben den Versuchsteilen noch beherbergten. Da es üblich war, dass sich alle Kollegen nach dem Essen am Kamin zusammensetzten, um über die bisherigen Erprobungsergebnisse zu sprechen, dachte ich mir (leider) nichts. Allerdings wunderte ich mich, dass eine Flasche nach der anderen auf dem Tisch stand. Alle zechten mit Andacht. Als ich gegen Mitternacht auf mein Zimmer kam, sah ich die Bescherung. Alle Flaschen, die eigentlich für Lkw-Fahrer gedacht waren – die sind besonders hilfsbereit, wenn man im Tiefschnee festsitzt - hatten sich inzwischen »aufgelöst«. Darüber war ich zwar leicht verärgert, aber ich hätte ja nicht erzählen müssen, was ich an Nachschub in meinem Gepäck hatte. Da capo gab es keines - ich hatte meine Lektion begriffen.

Am anderen Morgen brachen wir um 7:00 Uhr mit acht Fahrzeugen auf, um deren derzeitigen Entwicklungsstand auf einem Rundkurs von 38 Kilometern Länge zu beurteilen. Dabei war in Kolonne mit einem Abstand zwischen den Fahrzeugen von 150 Meter zu fahren und es galt als vereinbart, jeweils nach 30 Minuten diese Fahrzeuge nach Erprobungsritual zu wechseln. Dabei musste jeder Fahrer, ohne dass man sich besonders absprechen musste, immer das Fahrzeug hinter seinem und der Letzte dann das erste Fahrzeug nehmen. Mein Fahrzeug war an dritter Stelle, als ich bei einer Geschwindigkeit von 100 Kilometer/h mit zwei Rädern

Überschlagversuch mit 80 Kilometer/h um 360 Grad

Testwagen nach vielen Überschlägen

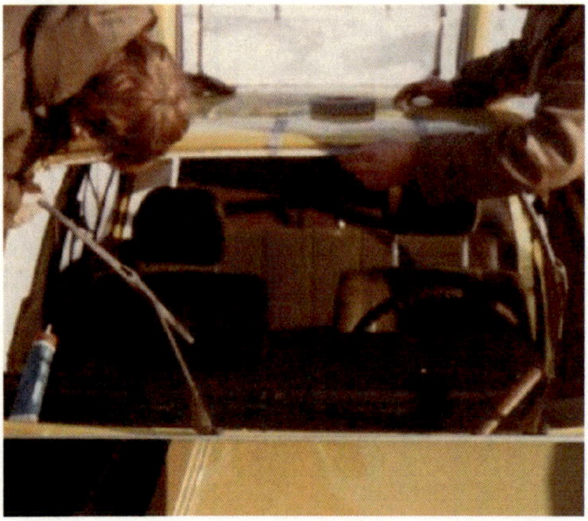

Reparatur gleich draußen bei - 40 Grad

etwas zu weit rechts neben der Straße in den Tiefschnee fuhr und gefühlvoll gegensteuerte. Leider misslang das Manöver. Der Wagen kam ins Schleudern, stellte sich plötzlich in Fahrtrichtung quer ... und rund war die Welt.

Nach unzähligen Überschlägen um die Fahrzeuglängsachse rutschte mein Auto auf dem Dach wie ein Kreisel drehend auf der Straße weiter. Während ich meine Pirouetten drehte, konnten alle fünf Autos, die mir folgten, unbeschädigt und langsam abbremsend, an mir vorbei fahren. Als mein Auto zum Stillstand kam, lag ich im Kofferraum und konnte - die Heckscheibe war verloren gegangenen - unverletzt herauskrabbeln. Ursache dieses Unfalls war, dass der Schneepflug die Straße breiter geräumt hatte, als die Straße breit war und ich von der nicht sichtbaren Straßenkante mit den rechten Reifen abrutschte. Das war für die Zukunft für uns alle eine Warnung - man lernt eben nie aus.

Die Weiten Skandinaviens waren von November bis März das bevorzugte Testmekka fast aller Automobilhersteller. In der lokalen Presse wurden die Einwohner dieser Gegenden rechtzeitig vor den deutschen Dauerrasern gewarnt und insbesondere wurde gebeten, die Kinder nicht unbeaufsichtigt auf den Straßen spielen zu lassen. Bei den Kommunen waren wir hingegen zumeist gern gesehen, weil durch uns natürlich Geld in ihre Kassen floss. Einige Bürgermeister versuchten im Vorfeld, ein Durchfahrverbot durch ihre Dörfer oder Städte zu erreichen. Das wurde aber meist abschlägig beschieden, da es bisher in all den Jahren nur in wenigen Fällen zu Verletzten gekommen war. Sachschäden, wie das Umfahren von Telefonhäuschen, Verkehrsschildern oder Strommasten gab es allerdings öfters. Das musste telefonisch der örtlichen Polizei gemeldet werden und war damit erledigt. Bei Alkohol am Steuer verstanden die Polizisten keinen Spaß. So musste derjenige, der erwischt wurde, zusätzlich zur Abgabe seines Führerscheins und Reisepasses meistens noch für ein paar Tage in den Arrest und es wurde bei schwereren Verstößen sogar das Fahrzeug beschlagnahmt. Deshalb hieß für uns immer die Devise: kein Alkohol am Steuer.

Ende 2001, als ich die Ergebnisse meiner Stauberprobung in Südafrika »im Sack« und den Reisebericht in meine Abteilung gefaxt hatte, gönnte ich mir anschließend noch einen Tag Urlaub. Ich fuhr mit einem Mietwagen vom Norden der namibischen Grenze die 1100 Kilometer in den Süden, um einmal die

Atlantikküste, an Kapstadt vorbei, bis zum südlichsten Zipfel Südafrikas, dem Kap der Guten Hoffnung, zu erkunden. So traumhaft hatte ich mir die Fahrt bis zum Cape Point jedoch nicht vorgestellt. Dort sah ich neben wunderschönen Villen und Luxushotels zahlreiche herrlich angelegte Golf- und Tennisplätze, sodass ich mir auch wegen des milden Klimas vorstellen konnte, hier meinen Lebensabend zu verbringen.

Auf der Rückfahrt durch die großartigen Winelands hatte ich in einem kleinen Fischerort mit dem Namen Gansbaai das Glück mit Hai-Tauchern auf den Atlantik hinaus zu fahren und dort erlebte ich die weißen Haie hautnah. Hier ist wegen des Zusammentreffens mit dem Indischen Ozean eine fischreiche Gegend. Die Taucher saßen in Käfigen aus Stahl und fütterten die imposanten Tiere, die auf mich einen furchterregenden Eindruck machten.

Wenn nur die hohe Kriminalität nicht wäre. In Kapstadt und Johannesburg geschehen die meisten Morde auf der Welt. Sobald die Dunkelheit eintritt, kommt das lichtscheue Gesindel aus allen Löchern der Stadt und man sollte am Besten bis dahin die Schutzräume von Hotels aufgesucht haben, um sich nicht der Gefahr eines Überfalls auszusetzen. Am Tag, wenn das Leben auf den Straßen pulsiert, denkt man daran nicht. Aber auch da muss man die Augen offen halten.

Leider musste ich den nächsten Tag den Flieger besteigen, der dann über Johannesburg nach Frankfurt flog.

Eins muss ich aber noch erzählen, was mich, um es gelinde zu sagen, doch in Schrecken versetzte. Wir waren vom Kapstadt Airport in Richtung Westen gestartet, um über dem Tafelberg schon in einer Höhe von 2000 Metern in einer weiten Rechtskurve in Richtung Johannesburg abzudrehen, als wir in ein Gewitter gerieten. So etwas hatte ich noch nicht erlebt. Während links und rechts fortlaufend Blitze zuckten, wurde unser Jumbo hin und her, nach oben und unten gerissen, sodass ich dachte, das war`s nun. Die Piloten versuchten zwar den Turbulenzen auszuweichen, aber ohne Erfolg. So vergingen 15 Minuten, bis es etwas ruhiger wurde. Leider hielt das aber nicht lange an. Hier muss ein Gewitternest gewesen sein. Denn bald entluden sich wieder gewaltige Blitze und ruckelten an der Maschine, sodass die Tragflächen sich nach unten und oben verbogen. Hätte ich früher nicht einmal bei dem

Versuchscenter von Airbus in Toulouse gesehen, wie Tragflächen von Verkehrsflugzeugen erprobt werden, ich glaube, ich hätte mir aus Furcht in die Hose gemacht. Aber zum Glück ging alles gut und wir landeten in Johannesburg, um Vollzutanken und die restlichen Passagiere nach Frankfurt aufzunehmen.

Einmal wollte mich doch am Check-in-Schalter in Johannesburg ein Lufthansamensch abzocken, indem er behauptete, in der von mir gebuchten Business Class wäre für mich kein Platz mehr frei. Allerdings könnte ich gegen Zahlung von 2000 USD, die er in die eigene Tasche stecken wollte, noch in der First unterkommen. Als er merkte, dass ich kein Frischling war und mich nicht darauf einließ, reichte er mir schnell die First Class-Bordkarten - ohne teure Zuzahlung.

Wie gefährlich das Leben, speziell der Beruf sein kann, soll an dieser Stelle nicht verschwiegen werden. Mitte 1985 kamen zwei hohe Führungskräfte auf einer Versuchsfahrt ums Leben. Die Leiter der Aggregate- und Karosserieentwicklung befuhren eine vorfahrtsberechtigte Nationalstraße in Südfrankreich, als ein kleinerer Lkw aus einer Nebenstraße heraus die Vorfahrt nicht beachtete. Es kam zum Crash, der den beiden Insassen des Versuchsfahrzeugs keine Chance ließ. Die Kollegen hatten weniger Glück als ich in ähnlichen Situationen.

In Skandinavien geschah es häufig, dass wir bei Anreise mit dem Werksflieger von Neugierigen verschiedener Provenienz begafft wurden. Zwar wurde versucht, diese Flüge geheim zu halten – aber irgendwie sickerte eben meist etwas durch. Die hätten alles unternommen, um von so einem Erlkönig (so nennt man Prototypen, die noch in Erprobung sind) ein Foto schießen zu können. Ich hatte gehört, dass dafür bis zu 100 000 DM bezahlt wurden. So war es nicht verwunderlich, dass sich Motorjournalisten gleich an unsere Fersen hefteten, um unsere Unterkünfte in Erfahrung zu bringen. Es galt also die Verfolger bei Schnee und Eis mit hohem Tempo, weitab unseres Zielortes, abzuhängen.

Pfiffige Journalisten pflegten Kontakte zu Tankstellenpächtern, Lkw-Fahrern und Einheimischen, um in regelmäßigen Abständen zu erfragen, ob und wo sie die »verrückten Deutschen« in ihren getarnten Kisten gesehen hätten. Einige Male gelang es Fotojägern im Vorbeifahren, Bilder von Prototypen zu schießen.

Als wir das bemerkten, wurde blitzartig auf der Straße gewendet, zurückgefahren und es wurde versucht, dem Reporter den Film aus dem Apparat zu reißen. Natürlich ging das nicht ohne Gerangel ab - abgesehen davon entsprach es nicht ganz dem Gesetz. Denn wegen unserer »kriminellen« Raserei auf Schnee- und Eisglätte besorgten sich diese Leute meistens routinierte Rallyefahrer, die solche Eskapaden und Rasereien gewohnt waren. Mir wurde von einem Stern-Reporter in Kiruna (Nordnorwegen) für ein Foto von so einem Fahrzeug, ein Prototyp unseres Brot und Butter-Autos, tatsächlich 100 000 DM geboten, was ich ablehnte. Nicht, dass ich 100 000 verschmäht hätte, aber erstens war ich loyal und zweitens hätte ich meine berufliche Zukunft aufs Spiel gesetzt. Alle Mitarbeiter in der Entwicklung wussten, was ihnen blühte, wenn sie mit einem Prototypen abgelichtet oder die Geheimhaltungspflicht verletzen würden. Unser oberster Entwicklungschef kannte da verständlicherweise kein Erbarmen. Weil einige der *Fotofritzen* in unserem Hotel wohnten, hatten wir extra deshalb für unsere Erlkönige beheizte Hütten in abseits gelegenen Wäldern angemietet, von wo aus wir unsere täglichen Touren starteten.

Unser Hotel beherbergte eine eigene Spielbank, in der wir manchmal bis spät in die Nacht unser Glück versuchten, da unsere Spesen bei einem Glas Bier zu 6 € nicht lange reichten. Als ich eine Glückssträhne hatte und morgens um ein Uhr in mein Zimmer kam, legte ich mich gleich nackend schlafen, weil die Zimmer ungewöhnlich warm waren. Aufgrund meiner ausgetrockneten Kehle wachte ich um 4:30 Uhr nachts auf und wollte etwas Trinkbares auftreiben. Da in meinem Zimmer nichts zu finden war, nahm ich meinen Zimmerschlüssel und einige Kronen, um draußen auf dem Flur eine Cola aus dem Automaten zu ziehen. So steckte ich die geforderten fünf Kronen in den dafür vorgesehenen Schlitz und siehe da, die letzte Krone verklemmte sich so, dass es kein vor und zurück mehr gab. Was nun. Also versuchte ich jetzt mit meinem Zimmerschlüssel nach der letzten Krone zu angeln, rutschte ab und der Zimmerschlüssel verschwand hinter einer hervorstehenden Blende. Jetzt war Polen offen. Ich, nackt auf dem Flur und ohne Rückzugsmöglichkeit in mein Zimmer. Zum Glück war im Hotel alles ruhig. Also schlich ich mich vorsichtig die Treppen hinunter bis zur Rezeption, um die Nachtwache auf mein Malheur aufmerksam zu machen und um eine Decke zu bitten. Danach erhielt ich einen neuen Schlüssel und konnte ins Zimmer. Diesen Vorfall werde ich nie vergessen.

Da die Motorjournalisten versuchten, sich gleich morgens an unsere Fersen zu heften, mussten wir diese Leute erst abschütteln, bevor wir mit angemieteten Serienfahrzeugen anderer Fabrikate zu unseren Fahrzeugen fuhren.

Der Zugang zu den Hütten von der Landstraße aus konnte ausschließlich nur mit Snowmobilen erfolgen, da der Schnee über einen Meter hoch lag und man bis zum Bauchnabel im Schnee versank. Die Abfahrten von der Hütte mit den Prototypen erfolgten über eine frei geschobene Zufahrt, die direkt zu einem tiefer liegenden See führte. Um auf diesem See bestimmte Versuche mit höheren Geschwindigkeiten fahren zu können, wurden hier Kurse geräumt. Da an diesem See tiefste Temperaturen von manchmal −50 °C gemessen wurden, war der mit Schnee überzogene Eisbelag als Straße stumpf und für höhere Geschwindigkeiten gut geeignet.

In dieser Zeit meldeten alle Zeitungen, dass der von Mercedes neu auf den Markt gebrachte Kleinwagen, und später auch die A-Klasse, den durch einen Journalisten geborenen »Elchtest« nicht bestanden hatte. So war der Hersteller gezwungen, seine Fahrzeuge aufwendig und kostenintensiv nachzubessern.

Hier auszugsweise ein damaliger Bericht aus der Zeitung »Die Welt«:

Die perfekte Blamage - der Kleinwagen und der Elch.

Vor zehn Jahren kippte beim Elchtest die A-Klasse um. Hermann Winner, Professor für Fahrzeugtechnik an der TU Darmstadt, schrieb in WELT Online, warum das im Nachhinein betrachtet ein Segen war.

Im Herbst 1997 harrt die Branche auf einen wichtigen Termin: Man freut sich darauf, bei der Automesse in Tokio erstmals den neuen großen Premium-Typ der Öffentlichkeit vorzustellen. Gleichzeitig prüfte in Schweden der Autotester Robert Collin die ebenfalls neue A-Klasse, den ersten Kompaktwagen mit Frontantrieb von Mercedes. Diese Probefahrt vom 21. Oktober 1997 ging als Elchtest in die Motor-Geschichte ein: In einem Ausweichmanöver, das man auch doppelter Spurwechsel nennt, kippte das Auto um.

Premium-Autohersteller auf der Kippe.

Nach der Überarbeitung des Fahrwerks und dem Einbau des elektronischen Stabilitätsprogramms ESP bestand die A-Klasse diesen Elchtest anstandslos.

Vom Elch gestoßen?

Bei Fahrprüfungen auf einem Testgelände in der Nähe von Barcelona im Dezember 1997 war unter den Fahrern auch Robert Collin.

Woran lag es, dass die A-Klasse kippen konnte? Ein Auto gilt als kippgefährdet, wenn die Schwerpunkthöhe die Hälfte der Spurweite überschreitet. Dies tritt insbesondere bei Fahrzeugen mit einer hohen Beladung auf, wie etwa bei Lkws und Transportern.

Zwar hat die A-Klasse einen etwas höheren Schwerpunkt als andere Pkws, doch war und ist sie weit entfernt von dieser Kippgefährdungsgrenze. In einer zu schnell gefahrenen Kurve hätte sie aufrecht aus der Kurve getragen werden müssen. Statt zu kippen, wäre das Auto gerutscht. Dabei allerdings besteht die Gefahr des Einfädelns, etwa am Randstein. Die dann auftretenden Fliehkräfte sind plötzlich vielfach höher. Wirken diese Kräfte mehrere Zehntelsekunden, ist der Kippvorgang nicht mehr aufzuhalten. Aber der Kippvorgang im Elchtest fand auf ebener Fahrbahn ohne jegliche Einfädelung statt. Wieso konnte die A-Klasse trotzdem kippen?

Zunächst muss genügend Schwung vorhanden sein. Der wird erreicht, wenn das Auto sich mit einem größeren Winkel zur Fahrzeugrichtung bewegt, ähnlich wie es Rallye-Fahrer beim Driften in der Kurve schaffen.

Dann muss das Fahrzeug in eine Rollbewegung versetzt werden. Das gelingt mit schnellem Hin- und Herlenken, das auf die sogenannte Wankeigenfrequenz abgestimmt ist. Außerdem muss die Wankbewegung so stark sein, dass die Einfederung an ihre Grenzen kommt. Der abrupte Übergang auf die steife Anschlagfeder führt dazu, dass die, aus der Kurvenperspektive, äußeren Reifen stark belastet werden und mehr Kraft übertragen können. Statt weiter zu rutschen, bleiben sie nahezu stehen. Jetzt ähnelt die Situation dem Einfädeln, es kann zum Kippsturz kommen.

Warum aber traf es nur die A-Klasse? Einerseits wies sie sicherlich eine höhere Kippempfindlichkeit auf, andererseits war auch Pech dabei. Aber daraus entwickelte sich eine Erfolgsstory, die ohne Beispiel in der Automobilgeschichte ist.

Um sicherzugehen, verbreiterte der Hersteller bei der A-Klasse nicht nur die Spur, sondern setzte auch härtere Federn ein. Das Auto wurde zusätzlich mit dem elektronischen Stabilitätsprogramm ESP (elektronisches Stabilitätsprogramm) ausgerüstet. Dieses System war zwei Jahre zuvor erstmalig in der Ober-Klasse eingeführt worden. Niemals war es als Kippverhinderer konzipiert worden, sondern es sollte vor allem das Schleudern unterbinden. Durch Bremseingriffe an einzelnen Rädern verhindert ESP das Driften, wie es auch am Beginn des Schleuderns auftritt, bereits im Ansatz.

Nur: Was die A-Klasse hatte, das mussten die teureren Modelle auch bieten. Innerhalb von zwei Jahren wurden alle Baureihen serienmäßig mit ESP ausgerüstet. Dies wiederum setzte den Wettbewerb unter Druck und das ESP eroberte hohe Marktanteile. Mittlerweile haben Untersuchungen den Sicherheitsgewinn nachgewiesen. Hochrechnungen gehen von einer möglichen Senkung der Zahl der im Straßenverkehr Getöteten von etwa 20 bis 25 Prozent aus, wenn ESP in allen Fahrzeugen verbaut wäre. So verdanken dieser Technik mittlerweile mehrere Tausend Menschen ihr Leben.

Vor dem Elchtest war die Perspektive hingegen gar nicht so gut: Der Wert des ESP ließ sich der breiten Käuferschicht kaum verdeutlichen. Auch heute wird für Kleinwagen das ESP immer noch selten bestellt. Ganz dreiste Verkäufer sagen mit einem Seitenhieb auf die A-Klasse: »Unser Auto ist auch so kippsicher.«

Dazu muss ich festhalten: Unsere Fahrzeuge hatten alle den Elchtest bestanden und es bestand keine Notwendigkeit, das ESP einzusetzen.

Aus verkaufstaktischen Gründen wurde vom Vorstand entschieden, auch bei unseren Fahrzeugen zur Beruhigung unserer Kunden und um der Presse gleich den Wind aus den Segeln zu nehmen, diese Neuerung generell in Serie zu bringen. Heute ist das einfach Stand der Technik und Bestandteil eines jeden Fahrzeugs. Außerdem konnten die Kosten zum Vorteil für unsere Kunden durch die massenhafte Verwendung bei fast allen Automobilproduzenten gesenkt werden.

Ich war bis zu diesem Zeitpunkt der bisher einzige Versuchsingenieur, der es durch extreme Fahrmanöver geschafft hatte, ein Fahrzeug unserer A-Klasse bereits 1972, also lange vor dem schwedischen Autotester Collin, umzuwerfen.

Dadurch aufgeschreckt, wollten unsere Vorstände damals wissen, ob unsere Fahrzeuge diesen Elchtest bestehen würden. Und siehe da, keiner von uns schaffte es noch einmal, auch nicht unter verschärften Bedingungen, ein Fahrzeug umzukippen.

Dieser ganze Unsinn brachte immerhin wenigstens auch etwas Gutes: Er zeigt die unlösbare Verbindung des Elchtests mit der Erfolgsgeschichte des ESP.

Mitte der 80er Jahre hatten wir ein Sportcoupé entwickelt, für das wir zur optimalen Bodenhaftung bei höheren Geschwindigkeiten einen geschwindigkeitsabhängigen Heckspoiler entwickelt hatten, der jetzt unter erschwerten Winterbedingungen von Kälte und Schnee zu testen war. Da dieser Prototyp wegen der originalen Strömungsbedingungen an der Karosserie, die ich bei diesem Test unbedingt brauchte, nicht getarnt werden konnte, entschied ich mich, diese Versuche erst ab Mitternacht zu starten. So bat ich einen fahrgeilen Kollegen, mich bei dieser Fahrt mit einem Volvo zu begleiten. Wegen der eisigen Temperaturen in dieser Nacht (−44 °C) besorgte ich für beide Fahrzeuge Thermodecken. Denn Handys gab es noch nicht, mit denen wir im Falle einer Panne hätten Hilfe holen können und unsere Funkgeräte versagten oft durch die vielen Funklöcher oder mangels Reichweite.

Als Beifahrer begleitete mich ein Monteur, der ebenfalls als geübter Fahrer auf eisglatten Straßen galt. Pünktlich um Mitternacht starteten wir vom Hotel in Richtung Polarkreis. Nach 35 Kilometern hatten wir dann die Bundesstraße erreicht, die eine lange Gerade und so gut wie keinen Verkehr für diesen speziellen Versuch aufwies.

Als Erstes galt es zu ermitteln, bei welcher Geschwindigkeit der Heckspoiler ausfuhr und wann er wieder einfuhr. Durch die Anreise zur Bundesstraße hatte sich aber bereits Flugschnee auf der Heckklappe und unter dem Spoiler abgelagert, der erst mal zu entfernen war.

Nun galt es bei Höchstgeschwindigkeit zu ermitteln, ob der bei vollkommen ausgefahrenem Heckspoiler am Gestänge angesammelte Flugschnee zu Funktionsbeeinträchtigungen führen könnte. Um die Schneeablagerungen und Schneeverwirbelungen unter dem ausgefahrenen Heckspoiler mithilfe einer Taschenlampe zu beobachten, setzte sich mein Kollege auf die Hutablage. Als wir beginnend bei 80 Kilometer/h in Stufen von jeweils 20 Kilometer/h über fünfminütige Stufen bei 160 Kilometer/h angekommen waren, bahnte sich Unheil an. Vor uns auf der Strecke begann eine lang gezogene Linkskurve, die ich gut und gerne ohne abzubremsen nehmen konnte. Unser Begleitwagen folgte wegen unserer langen Schneeschleppe in einem Abstand von ca. 1000 Metern. Als ich etwa die halbe Kurve geschafft hatte, entdeckte ich plötzlich so 80 Meter vor mir, mitten auf der Straße eine Rentierherde mit ca. 20 – 30 Tieren. Zur normalen Abbremsung war es zu spät. Also schaltete ich zur Warnung unseres nachfolgenden Fahrzeugs das Warnblinklicht ein, riss das Lenkrad nach links, zog dosiert die Handbremse an, sodass der Wagen sich blitzschnell in Fahrtrichtung zu drehen begann. Dadurch erreichte ich eine optimale Verzögerung der Geschwindigkeit. Weil nun meine Scheinwerfer nicht mehr auf die Tiere gerichtet waren, konnten sie beidseitig in den Wald flüchten, ohne vom Fahrzeug erfasst zu werden. Leider misslang es mir, anschließend den Wagen wieder geradeaus zu stabilisieren. Also tauchte ich mit der Fahrzeugschnauze links in den mit tiefem Schnee gefüllten Graben ein. Es ließ sich weder die Fahrertür noch die Beifahrertür öffnen. Durch die Wucht des Schneeaufpralls war mein Kollege von der Hutablage in den Fußraum des Beifahrersitzes geflogen, blieb jedoch unverletzt. Nach diesem Schreck schaufelte der Kollege vom Begleitfahrzeug erst einmal die Türen frei, sodass wir aussteigen konnten. Uns war klar, dass wir das Fahrzeug aus dem Graben, auch mit angehängtem Begleitfahrzeug und angelegter Ketten auf den Antriebsrädern, nicht befreien konnten. Handarbeit war angesagt. Also machten wir uns an die Arbeit, das Coupe freizuschaufeln, um es dann händisch aus dem Graben zu schieben. Durch die schwere Arbeit merkten wir die eisige Kälte kaum. Als das Fahrzeug endlich wieder auf der Straße stand, stellten wir fest, dass es keine Beschädigungen abbekommen hatte. Nur die Maschine ließ sich nicht starten, da der Motorraum mit Schnee gefüllt war. Dies deshalb, weil der Zahnriemen, der die Nockenwelle in Kurbelwellenposition steuert, um einen Zahn übergesprungen war. Zwischen der Zahnriemenabdeckung und dem Motorblock war eine Öffnung und dort hatte es den Schnee hineingepresst, was die Ursache dafür war. So hatte also dieser Ausrutscher in den Schnee auch einen positiven Nebeneffekt. Wegen der großen Kälte verzichtete ich auf eine Reparatur vor Ort und wir hängten den Wagen an unser Begleitfahrzeug, um es

Abfahrt frühmorgens mit Snowmobil zu den Hütten im tiefverschneiten Wald

Hinterlassene Schneespur beim Ausweichen der Rentierherde

zum Hotel zu schleppen.

Da ich wusste, was es bedeutet, bei dieser Kälte ohne eigene Heizung im abzuschleppenden Fahrzeug auszuharren, ordnete ich alle 15 Minuten einen Fahrerwechsel an. So gegen vier Uhr morgens trudelten wir wieder ein und legten uns schlafen.

Ein anderes Mal drängelten mich in Finnland Mitarbeiter, die das erste Mal auf einer Wintererprobung waren, dem Polarkreis einen Besuch abzustatten. Der war von der Stadt Kusamo aus zu sehen. Also entschloss ich mich mit einigen Monteuren, am nächsten Tag mit zwei Fahrzeugen dorthin aufzubrechen. Ein Fahrer in einem Versuchswagen mit 220 PS und ich als Fahrer in einem Ford Skorpio mit 280 PS. Ca. 20 Kilometer vor dem Polarkreis blieb ich in einer lang gezogenen Kurve mit meiner Armbanduhr bei Tempo 145 Stundenkilometern an einem der Hebel um das Lenkrad hängen. Dabei verriss ich das Lenkrad, sodass ich Mühe hatte, durch das links- und rechts Herumschleudern den Wagen auf der Straße zu halten. Schließlich gelang es mir doch. Dem darauf folgenden Gestank nach, muss sich jedoch einer meiner Insassen dabei in die Hose gemacht haben.

Einmal fuhren wir sonntags mit nur zwei Serienautos bei −40 °C nach Trondheim, um uns in der Stadt umzusehen. Während ich den einen Wagen fuhr, bestand ein Kollege der Innenausstattung darauf, den zweiten Wagen zu lenken. Bei unseren normalen Touren bildete ich immer das Schlusslicht, weil in einer Kolonne das letzte Fahrzeug am schnellsten fahren musste, um den Anschluss nicht zu verlieren. Auch galt unter uns, wer seinen Hintermann verliert, musste am Abend einen ausgeben, was mitunter teuer werden konnte.

Jetzt war aber der Innenausstattungskollege, der unbedingt fahren wollte, ein ängstlicher Typ. Also tuckerten wir mit maximal fünfzig der Stadt entgegen, bis uns allen der Kragen platzte und er auf den Beifahrersitz verbannt wurde. Von dort aus konnte er dann in aller Ruhe, aber bei angemessenem Tempo, das Verhalten seiner Innenausstattung beurteilen.

Wenn jemand sich nicht zutraute schneller zu fahren, als er verantworten konnte, wurde er nie dazu gedrängt. Nur bekam er hinterher keine Gelegenheit mehr, an derartigen Tests teilzunehmen.

Wir waren nicht auf gemütlicher sonntagnachmittags Kaffeetour. Brauchbare belastbare Ergebnisse bekamen wir nur, wenn die Fahrzeuge bis zur Belastungsgrenze ausgereizt wurden.

Später wurden Fahrsicherheitslehrgänge Pflicht, bei denen sich die Spreu vom Weizen trennte. Mitarbeiter, die diesen Test nicht schafften, durften keine Prototypen fahren und schieden von der Teilnahme an Erprobungsfahrten aus. Als mit allen Wassern gewaschener Fahrer muss ich bestätigen, dass das Bestehen der Fahrprüfungen mit mindestens der Stufe C durch besonders geschulte Leute nicht einfach war. Wer ängstlich war, brauchte erst gar nicht anzutreten. Als Beispiel musste aus voller Geschwindigkeit heraus eine Vollbremsung mit Umfahrung von Hindernissen hingelegt werden, ohne etwas zu berühren. Und das bei trockener, nasser und vereister Fahrbahn. Hierbei war das Anti-Blockier-System wirkungsvoll einzusetzen. Im Nachhinein bin ich zu der Überzeugung gekommen, dass dies ein Bestandteil der normalen Fahrprüfung sein sollte.

Ein anderes wichtiges Thema zur Erhöhung der Fahrsicherheit auf unseren Straßen ist das Fahren mit Abblendlicht am Tage. Hier könnten viele Zusammenstöße mit schlimmen Folgen vermieden werden, weil alle Fahrzeuge früher und besser gesehen werden. Wie wir alle wissen, ist das rechtzeitige Erkennen von Fahrzeugen mit landschaftlich angepassten Autolacken, bei tief stehender Sonne oder diesigem Wetter schwierig. Seitdem das Tageslichtfahren in Skandinavien zur Pflicht geworden ist, haben sich die schweren Zusammenstöße um 45 % reduziert.

Aufgrund dieser Erkenntnisse wandte ich mich seit 2003 an das Bundesverkehrsministerium, dies bei uns zwingend einzuführen. Da ich ständig mehrseitige inhaltslose Schreiben vom Ministerium erhielt, wandte ich mich 2008 an den Petitionsausschuss des Deutschen Bundestages. Der folgte meiner Argumentation und die Einführung des Tagfahrlichts wurde beschlossen. Nur setzte das Bundesverkehrsministerium diesen Beschluss vorerst nur bei Neufahrzeugen um, sodass wir jetzt noch eine gefährlichere Situation auf den Straßen haben. Da fahren jetzt 82 % der Autofahrer mit Licht und der Rest ohne Licht, sodass die Gefahr des Übersehens von Autos zum Beispiel beim Überholen noch größer geworden ist.

Deshalb machte ich am 6. 5. 2012 noch eine Eingabe an den

Rückflug von einer Erprobung

Hochgeschwindigkeitstest auf zugefrorenem See

Petitionsausschuss des Deutschen Bundestages, den seinerzeit gefassten Beschluss endlich voll umzusetzen. Auf Skandinaviens Straßen fühlte ich mich jedenfalls wesentlich sicherer als auf deutschen Straßen.

Als wir die Fahrzeuge in Trondheim abgestellt hatten und zur Fußgängerzone unterwegs waren, machte uns diese feuchte Kälte beim Atmen zu schaffen. So mussten wir nach jeweils drei bis fünf Minuten ein Geschäft aufsuchen, um uns aufzuwärmen. Wenn man bei diesen Temperaturen die Nasenflügel zusammendrückte, blieben sie so und öffneten sich erst wieder beim Betreten eines beheizten Raumes.

Trockene Kälte kann man besser vertragen. So erlebte ich manches Mal im Norden Finnlands an der russischen Grenze Minusgrade von −52 °C, die mir nicht so viel anhaben konnten, wie die nasse Kälte in Trondheim.

Als mein Bereichsleiter eintraf, holte ich ihn am Flughafen ab und überließ ihm dann die 60 Kilometer lange Rückfahrt bei Eis- und Schneeglätte das Steuer. Da verging mir als Beifahrer Hören und Sehen. Von anderen hatte ich schon gehört, was mich erwartete. Aber er fuhr ein Tempo, bei dem mir schwindelig wurde. Nachdem wir zehn Minuten unterwegs waren, steuerte er nur noch mit einer Hand und kramte dabei eine ganze Weile in seiner linken Jackentasche, bis er seine gestopfte Pfeife aus der Tasche hervorholte und sie mit der rechten Hand anzündete, ohne jetzt überhaupt noch eine Hand am Lenkrad zu haben. Langsam merkte ich jedoch, dass er ein mit allen Wassern gewaschener Autofahrer war und den Wagen in jeder Situation beherrschte. Von ihm konnte ich etwas lernen. Ferner achtete er auf alle Nebengeräusche im Fahrzeug und stieß mich laufend an, mal hier und mal dort an Plastikteilen zu drücken. Dieser Mann war mit dem Auto verwachsen, wie kein anderer und für unser Unternehmen bzw. für unsere Kunden Goldes wert. Egal, ob es sich um die Karosserie, um Fahrwerk oder um die Auslegung der Aggregate handelte, er traf immer die richtige Auswahl. Er war der eigentliche Vater unseres später so erfolgreichen Brot und Butter-Autos. Infolge diverser Meinungsverschiedenheiten mit »Oben« wurde er eines Tages gefeuert.

Zurück nach Skandinavien. Ein weiterer Vorteil, vor allem wegen der maximalen Tiefsttemperaturen in der Nacht am tiefer gelegenen See, war, dass wir gleich frühmorgens anfangen konnten. Zunächst mit unseren Kaltstarts mit den verschiedenen Motoren- und Funktionsprüfungen sowie den Messungen an Betätigungseinheiten.

So stellte sich damals die wichtige Frage für neue Modelle, wie das Türabdichtungssystem der Zukunft aussehen sollte. Ohne diese Entscheidung kamen unsere Konstrukteure der Karosserie und der Türen nicht weiter. Das bis zuletzt verwendete Lippenprofil hatte bzgl. des Verformungsverhaltens, sowohl unter Wärme- als auch unter Kältebelastung, erhebliche Nachteile.

Deshalb bekam ich von meinem damaligen Abteilungsleiter die Order, mich jetzt verstärkt darum zu kümmern.

Da eine eigens für die Terminverfolgung der Aufträge eingerichtete Stelle mit einem strengen »Beamten« besetzt war und der damals bestätigte Erledigungstermin schon weit überschritten war, machte ich mich als Neuling ohne Vorbelastung an die Arbeit.

Also beschaffte ich mir die entsprechenden Fahrzeuge, überprüfte an ihnen die für das Entstehen von Windgeräuschen wichtigen Karosseriebereiche wie Türen, Türfugen, Fensterführungen und Türdichtungen auf Zeichnungssoll, korrigierte die Maßabweichungen und beurteilte nacheinander alle Modelle mit unterschiedlichen Geschwindigkeiten.

Dabei wurden die jeweiligen Druckverhältnisse im Fahrzeuginnenraum, in den Türen und in den Türfugen gemessen und aufgezeichnet. Um die für die Geräusche verantwortlichen Bereiche einzukreisen, asolvierte ich noch einmal die gleiche Versuchsdurchführung und klebte dabei partiell die mir kritisch erschienen Türfugen ab. So näherte ich mich den eigentlichen Ursachen, die es abzustellen galt.

Obwohl die Türkanalmaße und die Türdichtungen noch im Zeichnungssoll lagen, stellte ich fest, dass seitens der Konstruktion die hierfür festgelegten Toleranzen zu großzügig bemessen waren. Gerade in den kritischen Bereichen des Fahrzeuges stellten sich ungünstige Toleranzlagen dar. So zum Beispiel waren das Türkanalmaß im Größtmaß und die Türdichtungsquerschnitte im Kleinstmaß, sodass keine oder nur eine geringfügige Dichtwirkung vorhanden war. Dadurch entstanden vermeidbare Strömungsgeräusche.

So forderte ich in meinem Bericht als kurzfristige Maßnahme die konstruktive Überprüfung der möglichen Toleranzen aller betroffenen Bauteile. Also eine funktionsgerechte Toleranzeinengung, die kurzfristig umgesetzt werden konnte und ein Stück mehr Kundenzufriedenheit bringen würde.

Damals lagen die Fahrzeugbe- und Entlüftungen noch im Argen, so hatten alle Türen serienmäßig im vorderen Bereich Drehfenster (auch Raucherfenster genannt), die aufgrund der besonderen Kinematik einen Höllenlärm verursachen konnten. Hierfür entwickelte ich mit dem zuständigen Hauptlieferanten eine voluminösere Dichtung, welche die auftretenden Toleranzen abdeckte und die Geräusche auf ein Minimum reduzierte. Da dieses Teil ein Gleichteil mit einem Automobilhersteller in Süddeutschland war und dieser die gleichen Geräuschprobleme hatte, besuchte ich diese Firma, um die neue Dichtung vorzustellen.

Während die Bayern drei Monate benötigten, um diese Verbesserung in Serie zu bringen, musste ich mich wochenlang bei meinen Konstruktionskollegen der Kompetenzüberschreitung erwehren, bis mein Bereichsleiter diesen Gordischen Knoten mit dem Schwert (sprich Machtwort) durchschlug. Jetzt endlich wurde dem Hauptlieferanten der Werkzeugänderungsauftrag erteilt.

Natürlich war die eigentliche Aufgabe damit nicht erledigt. Es sollte eine mittel- und langfristige Lösung für die neu zu entwickelnden Fahrzeuge evaluiert werden.

Also nahm ich mir ein Fahrzeug, das bei meinen ersten Fahrversuchen als kritisch eingestuft wurde, und änderte die Kanalmaße erst einmal auf ein umlaufend gleiches Maß zur Türanlagefläche der Dichtung. Dann lud ich (eigenmächtig) Dichtungshersteller ein, um so für diese Anwendung ein geeigneteres Lippen- oder Schlauch-Dichtungsprofil zu eruieren.

Dabei entwickelte ich ein Messgerät, um an einem 100 mm langen Profilstück bei definierten Belastungsdrücken exakt die Gesamt- und bleibenden Verformungen, sowohl unter Raumtemperatur als auch unter Kälte-/Wärmelagerungen zu erhalten.

Nach Anlieferung der Versuchsmuster stellte ich fest, dass das ermittelte Schlauchprofil wegen des größeren Funktionsbereichs bessere Ergebnisse brachte als ein Lippenprofil, da sich aufgrund der Strömungsverhältnisse bei höherer Geschwindigkeit der Türrahmen nach außen bewegt und der Dichtungsdruck abnimmt. Außerdem erkannte ich, dass das Setz- und Alterungsverhalten bei diesem Profil günstiger war, als bei dem bisher verwendeten Lippenprofil.

Als weiteren Vorteil zur Minderung von Windgeräuschen ermittelte ich eine Verlegung der Türdichtung nach innen in den Türausschnitt der Karosserie sowie die partielle Anbringung von Zusatzdichtungen in geräuschkritischen Türfugenbereichen außen zur Verhinderung des so genannten »Flaschenhalspfeifens«.

Das waren Maßnahmen, die zu Mehrkosten führten und deshalb erst einmal seitens der Design- und Konstruktionsabteilung abgelehnt wurden. Aufgrund der bei Fahrt auftretenden vielen anderen Nebengeräusche, konnte ich meine Ergebnisse nicht eindeutig als Erfolg präsentieren.

So stellte ich jetzt Überlegungen an, wie ich meine Konstruktions-Kollegen von den positiven Ergebnissen messtechnisch überzeugen könnte. Dazu musste ich zunächst die anderen vorhandenen Geräusche abmildern. Deswegen baute ich im Innenraum auf der Beifahrerseite einen schalldichten Kasten ein, der bei geschlossener Tür den oberen Türausschnitt umschloss und befestigte in Ohrhöhe des Beifahrers in diesem ein sensibles Mikrofon. So konnten die Windgeräusche gemessen und die störenden Nebengeräusche reduziert werden. Dieser Geräuschabschirmkasten (wer immer diese Wortschöpfung auf dem Gewissen hat sei verdammt!) wurde so konzipiert, dass er einfach für Autos gleicher Bauart umgerüstet werden konnte.
Nun gelang es mir, die für eine Änderung verantwortlichen Abteilungen vom positiven Ergebnis zu überzeugen, sodass diese Veränderungen eingeleitet und umgesetzt werden konnten.

Leider war unsere Abteilung mit guten Messgeräten stiefmütterlich ausgerüstet. Meine Vorgesetzten, die für das Budget verantwortlich waren, bestellten sich lieber neue Büromöbel und neue Computer, als die dringend notwendigen Messinstrumente. Wenn ich auf Erprobungsreise war und andere Kollegen mich bei Messungen beobachteten, lachten sie oft, wenn ich mit mechanischen Federwaagen und Druckdosen Betätigungskräfte messen musste.

Deshalb suchte ich mir außerhalb meiner Abteilung Verbündete, die mich unterstützen konnten und die nur einen schriftlichen Auftrag brauchten.

Als Erstes nahmen wir unser kompliziertes Türschloss in Angriff, für das wir eine Messmaschine mit elektronischen Kraft- und Momentaufnehmern für jede zu betätigende Einheit konzipierten. Wichtig war dabei, dass die einzelnen Auslösekräfte und Momente jeweils am gleichen Schloss reproduzierbar waren, damit nach den erforderlichen Tests die exakten Veränderungen gemessen werden konnten.

Probleme kamen erst auf, als ich die dafür notwendige elektronische Hardware anschaffen und die Programmierung durch eine externe Firma anfertigen lassen musste. Da ich von meinem Abteilungsleiter keine Unterstützung erwarten konnte, ging ich gleich direkt zum Bereichsleiter, um die nötige Unterschrift für den Ankauf der Hard- und Software zu erhalten. Erst als alles zusammen angeliefert wurde und ich beim Messen war, interessierten sich meine Vorgesetzten und wunderten sich über die Schonung ihres (kleinlich gehüteten) Budgets. Die Gesamtkosten beliefen sich damals auf 160.000 DM, die ohne Unterschrift meiner Vorgesetzten verbucht wurden. Das schmerzte diese Ärmelschonerfraktion natürlich.

Auch die weiteren Messgeräte, die ich noch mit der Planung entwickelte, wurden auf die gleiche Weise beschafft, auf die ich heute noch stolz bin und die in meiner Zeit gute verlässliche Ergebnisse geliefert hatten.

13. Kapitel

Aufgrund dieser Schritte wurden alle späteren Modelle, die immer höhere Geschwindigkeiten erreichten, mit einer glatten Außenlinie im Bereich der Türen ohne Hinterschnitte und mit innen liegenden Schlauchdichtungen in Verbindung mit äußeren Zusatzdichtungen entwickelt. Bei einem Hinterschnitt wird durch ein Einlegeteil ein Bereich des Gussstücks ausgespart. Normalerweise müssen Gussteile so gestaltet sein, dass man sie nach dem Guss aus der Form ziehen kann. Wenn es das Teil erfordert, dass an einer Stelle kein Material entsteht und dies dazu führen könnte, dass das Teil sich in der Form verhaken würde, spricht man von *Hinterschneidung*. Meistens wird dies durch

Einlegen von kleinen Teilen erreicht, die den Bereich für den Guss versperren. Beispiele sind diese kleinen Kunststoffhaken, wie sie verwendet werden, um in einem Gegenstück einzurasten. Der Bereich unter dem Haken wird mithilfe von Einlegeteilen »hinterschnitten«, da man sonst das Teil nicht mehr aus der Form bekommen würde. Ein anderes Beispiel ist ein seitliches Loch, zum Beispiel in einem Gefäß wie einem Becher. Stelle man sich das einmal als Form vor und wie man das herausbekommen soll, dann wird das Problem klar. Eine Alternative dazu ist der Freistich.

Durch verbesserte Techniken sowie Materialien konnten wir die Nebengeräusche von Motor, Getriebe und Reifen ebenso wie die Wind- und Strömungsgeräusche zum Großteil eliminieren, zumindest aber reduzieren.

Wichtig war für mich zu wissen, wie sich diese Dichtungen hinsichtlich Geräusche und Zugluft verhalten. So schlug ich vor, mit vier Autos nach Nordnorwegen zu fahren, um die Versuche dort bei tiefen Temperaturen vorzunehmen. Nach der Reisegenehmigung bekamen viele meiner Kollegen und anderer Abteilungen davon Wind und wollten sich an der Reise beteiligen. So kam es, dass der Treck mittlerweile auf zwölf Fahrzeuge und 15 Personen angewachsen war. Als das auch noch der Konstruktion zu Ohren kam, baten mich noch zwei Konstrukteure darum, mitgenommen zu werden. Da ich mich stets dafür eingesetzt hatte, dass unsere Konstrukteure für ihre tägliche Arbeit einmal miterleben sollten, wie Versuche ablaufen, wurde das genehmigt. Da wir jetzt ein Tross von 17 Leuten waren, schlug zu guter Letzt mein Bereichsleiter vor, eine Teilnahme an dieser Erprobungsfahrt auch dem Entwicklungs- und Forschungsvorstand sowie weiteren Bereichsleitern anderer Fachgebiete anzubieten. So kam es, dass sich eine Woche vor Abreise die Reiseteilnehmerschaft um weitere acht Personen erhöhte, die allerdings nicht ständig dabei sein wollten.

Ich hatte mit den Reisevorbereitungen eine Menge zu tun und musste die Vorbereitungsarbeiten für die 12 Fahrzeuge an andere delegieren. Wer das noch nicht bewerkstelligen brauchte, kann sich nicht vorstellen, wie viel Arbeit und Zeit das bedeutet. Man darf nichts dem Zufall überlassen. Auch wenn es sich nur um eine zwei Tage dauernde Vergleichsfahrt handelt und man hochrangige Führungskräfte im »Gepäck« hat.

Erfahrungsgemäß musste ich mich darum kümmern, dass alle Teilnehmer gültige Reisepässe besaßen und nicht vergaßen, diese mitzunehmen. Es klingt lächerlich, aber es war nun einmal notwendig, wie die Erfahrung bewiesen hatte.

Während 17 Personen sich per Achse mit Fährüberfahrt und zwei Zwischenübernachtungen auf den Weg machen sollten, musste ich für die »feineren« Herren unserer Reisegruppe einen Werksflieger und komfortable Hotelzimmer organisieren, was nicht einfach war. Von Erzählungen älterer Kollegen wusste ich, was diese Herren auf einer Dienstreise bei Übernachtungen an Bequemlichkeiten und Wellnessmöglichkeiten erwarteten. Während den eigentlichen Malochern auf Erprobungsfahrten Doppelzimmer zugemutet werden, muss das Hotel bei dieser sogenannten Führungsriege mindestens vier Sterne haben, die Zimmer eine ausreichende Größe vorweisen und das Hotel muss über einen Pool verfügen. Ansonsten kann man mit erheblichem Ärger rechnen. Geld spielte dabei die geringste Rolle. Für den Organisator einer derartigen Reise, waren allerdings zusätzlich noch jede Menge weitere Obliegenheiten zu berücksichtigen.

14. Kapitel

Manches Mal wurde ich gefragt, ob man seine Frau mitnehmen könnte. Darauf gab es von mir die Standardantwort: dass nach der Organisationsrichtlinie für Dienstreisen alle einer Begleiterin zuzurechnenden Kosten wie Hotel, Frühstück, Mietwagen, und Kraftstoff bei der Reisekostenabrechnung nicht geltend gemacht werden dürfen. Mir war bekannt, dass bereits Mitarbeiter durch Nichtbeachtung dieser Reisevorschrift oder wegen Schummelei bei den Arbeitszeiten fristlos entlassen wurden. Hier konnte kein Betriebsrat helfen und auch die Gerichte bestätigten die fristlose Entlassung bei solchen Verfehlungen.

Handelte es sich beispielsweise um eine Erprobung mit Prototypen, so mussten Hotels in Touristenhochburgen strikt gemieden werden. Des Weiteren musste dafür Sorge getragen werden, dass das Hotel über eine ausreichende Anzahl von abschließbaren Garagen verfügte. Denn unter gar keinen Umständen durfte ein Prototyp unbeaufsichtigt, und sei es nur für eine kurze Mittagspause, abgestellt werden.

Aufgrund von diversen Vorkommnissen bei früheren Fahrten mit Prototypen war mir bewusst, dass die Veröffentlichung eines Prototyps in den Medien dem Verursacher den Kopf kosten würde. Irgendwo war das verständlich, wenn man wusste, wie viel an Zeit, Grips und vor allem auch welche Summen in so einem Projekt steckten. Deshalb lehnten es viele meiner Kollegen ab, ohne Tarnung zu fahren. Was aber meine Erprobung anging, war die Fahrt ohne jede Tarnung, da diese doch erheblichen Einfluss auf die Luftströmungen bei Fahrt hatte und die Ergebnisse verfälschten.

So waren Anfang der 1980er Jahre zwei ältere Kollegen von mir, mit einem ungetarnten Prototyp in Nordamerika unterwegs. Diese leichtsinnigen Kerle stellten das Fahrzeug über Nacht direkt am Haupteingang eines Hotels ab - also auf dem Präsentierteller. Dieser Erlkönig fand sich zwei Tage später in mehreren Zeitungen. Die Kollegen durften gleich nach ihrer Rückkehr zum Rapport beim Vorstand. Dort fassten sie ein künftiges Prototypenverbot bzw. eine Abmahnung für ihre Personalakte ab. Dass sie sich trotzdem noch darüber aufregten zeigt, dass da ein erheblicher Mangel an Intelligenz vorhanden war. Die beiden Helden waren sich keiner Schuld bewusst. Aber wer so borniert und leichtsinnig ist, hat es nicht anders verdient.

Grundsätzlich achtete ich bei Reisen immer darauf, dass niemand eine Kreditkarte oder andere Dinge mit dem Logo des Unternehmens mitnahm. Kopfschüttelnd stellte ich trotzdem des Öfteren beim Einchecken in Hannover fest, dass meine Kollegen an derartiges nicht dachten - auf Koffern, Trollis oder Jacken glänzte unser Logo.

Oft genug musste ich erleben, dass ich bei der Anreise auf eine Geheimstation erst nach dem ersten oder zweiten Flug erfuhr, wohin die Reise mich führte. Denn auf einer Geheimstation befanden sich Prototypen, die ungetarnt über jeweils 100 000 Kilometer auf öffentlichen Straßen liefen und eine 0-Fehlerquote vorweisen mussten, um in Serie gehen zu können.

Gerade wegen der Geheimhaltung von Prototypen außerhalb unseres Werkes mussten wir uns bei anstehenden Erprobungen ständig neue Strategien ausdenken, um nicht in Fachzeitschriften zu erscheinen. Viele Journalisten, die auf uns angesetzt wurden, ließen sich permanent etwas Neues einfallen. Man konnte

Ausrutscher waren an der Tagesordnung

Zum Flottmachen war Muskelkraft angesagt

niemandem Vertrauen und war nirgends sicher.

Manchmal blieb uns, da der Vorstand Druck machte, nur die Wahl, mit Hilfe befreundeter Unternehmen oder Regierungen in den entsprechenden Ländern in abgeschirmte Gelände auszuweichen. So waren wir oft Gast bei einem Reifenhersteller in Spanien, der dort seine Lkw-Reifen an automatisch betriebenen LKW`s fahrerfrei rund um die Uhr testet oder auf einem riesigen russischen Militärtestgelände nahe Moskau. Jeden Journalisten, der hier eingedrungen wäre, hätte das Militär standrechtlich erschossen. Wir nannten das eine einstweilige Erschießung. Auch uns wurde lediglich ein kleiner Bereich zugewiesen, der nur mit Militärbegleitung verlassen werden durfte. Auch die Zufahrten morgens und abends erfolgten in Militärfahrzeugen mit verdunkelten Scheiben. Zu dieser Zeit, Anfang der 80er Jahre, waren wir noch im Kalten Krieg und das Wettrüsten en Vouge.

Unter hohen Geschwindigkeiten wurden in diesem Gebiet auf schnee- und eisbedeckten Straßen die eigentlichen Fahrzeugerprobungen absolviert. Mir machte das nichts aus, sodass ich Geschwindigkeiten bis 180 Kilometer/h fuhr, um den erforderlichen Innenraumdruck zu erreichen. Zusätzlich waren auf dem Beifahrersitz Messinstrumente angeschnallt. Diese speicherten die Messdaten noch zusätzlich und mussten mit einem Auge beobachtet werden.

Während einer solchen Fahrt in Richtung Kiruna saß ein Konstrukteur auf dem Rücksitz, der nach geraumer Zeit bat, auch einmal fahren zu dürfen. Also hielt ich an und wir tauschten die Plätze. Bereits nach ca. acht Minuten näherten wir uns einem Bahnübergang, der in einer S-Kurve lag. Mein Konstruktionskollege schätzte die Kurven falsch ein und geriet nach der ersten Kurve ins Schleudern, sodass wir seitlich die Warnbake abrasierten, noch durch einen tieferen Graben schleuderten und schließlich genau auf dem Bahngleis zum Stehen kamen. Während mein verdutzter Kollege am Steuer noch nicht kapierte, was geschehen war, stürzte ich aus dem Auto, um auszuloten, wie wir den Wagen von der Schiene bekommen konnten, weil sich in der Ferne ein Zug ankündigte. Ich riss meinen Kollegen vom Steuer weg und versuchte durch eigene Motorkraft das Fahrzeug zu bewegen, was kläglich misslang. Also schaufelte ich das Auto erst einmal etwas frei, um es dann vom Gleis in den Graben zurückzuschieben. Dieser Akt gelang in letzter Sekunde, bevor der Güterzug an uns vorbei rauschte.

Dann begutachteten wir den Schaden am Auto und an der Warnbake. Beim Auto war die gesamte linke Seite verbeult und von der Warnbake existierte nur noch das Fundament. Handys gab es noch nicht. Um Hilfe zu holen, wäre ein 15 Kilometer langer Fußmarsch bei −35 °C und eisigem Ostwind notwendig gewesen. Als ich noch überlegte, was jetzt zu tun sei, näherte sich ein Volvo-Langholz-LKW, den ich anhalten konnte. Der Lkw-Fahrer stieg aus, betrachtete unseren Unglückswagen und wollte sich kopfschüttelnd abwenden. Ich zog also schnell aus meinem Gepäck eine Flasche Weinbrand und streckte sie in Richtung Lkw-Fahrerhaus. Als ein Lächeln über seine Wangen huschte, war klar, der würde uns helfen. Ohne ein Wort kletterte er auf seine Ladefläche, zerrte eine riesige lange Kette hervor, die ich an unserem Wagen befestigte. Das andere Ende schlang er um seine vordere Stoßstange und zog die Kette rückwärtsfahrend stramm. Nachdem ich mich ans Steuer gesetzt hatte, zog er mit einem Ruck an, sodass ich dachte, er wollte den Wagen auseinanderreißen.

Langsam bewegte sich unser Fahrzeug wieder in Richtung Straße, sodass wir die Kette lösen und mit eigener Kraft zurückfahren konnten. Bis auf den Blechschaden am Auto und dem Schaden am Bahnübergang war zum Glück nichts passiert.

Weil mir nach der später erfolgten Unfallmeldung meine oberen Chefs vorwarfen, jemanden ohne Fahrerlaubnis für Versuchsfahrzeuge ans Steuer gelassen zu haben, war mir das wieder einmal eine gründliche Lehre.

Meine ersten Erfahrungen mit einem Versuchsfahrzeug im Wintertest machte ich bereits kurz nach meiner Festeinstellung, als ich noch keine Fahrerlaubnis für diese Autos hatte. Ein bei mir im Büro sitzender älterer Kollege bat mich Anfang Februar 1969 gleich morgens, ob ich ihn auf einer Versuchsfahrt Richtung Harz begleiten könnte. Da es morgens geschneit hatte und alle Straßen mit ca. fünf Zentimeter Schnee bedeckt waren, entschloss er sich, die Autobahn in Richtung Hannover zu nehmen. Obwohl der Schnee dichter wurde, verlangsamte mein Fahrer seine Geschwindigkeit nicht. Plötzlich jedoch geriet er mit 120 Kilometer/h aus der Spur eines vorausfahrenden PKWs, sodass wir ordentlich ins Schlingern gerieten und uns in Fahrtrichtung mehrfach um unsere eigene Achse drehten. Kreideweiß stieg ich aus, um uns nachfolgende Fahrzeuge schnell zu warnen. Als sich mein Kollege wieder gefasst hatte, fuhren wir weiter und es dauerte nicht lange, da drehten wir uns wieder. Von da an war es führ ihn und für mich vorbei. Er rückte auf den Beifahrersitz und ich lenkte das Auto nach Hause.

Manchmal hat man kein Gefühl für das Auto. Man muss es nur zugeben, was er mir, dem Neuling gegenüber, nicht fertig brachte. Auf der Rückfahrt konnte er wieder scherzen und sagen, wir könnten jetzt schön in weißen Betten liegen und uns von hübschen Krankenschwestern verwöhnen lassen.

Bei diesen hohen Geschwindigkeiten auf Schnee und Eis kann immer etwas passieren. So hatte ich mich im Laufe meines Berufslebens auf Wintererprobungsfahrten mit Fahrzeugen acht Mal mehrfach überschlagen, zum Glück immer ohne dass ich oder andere eine ernsthafte Verletzung davongetragen hatten. Wenn man bei höherer Geschwindigkeit mehr auf die Messgeräte im Fahrzeug achtet, was mitunter unumgänglich ist, gerät man oft mit zwei Rädern in eine Kante. Dann hilft nur gegensteuern, bis die Räder wieder befreit sind. Bei zu viel Gegensteuerung gerät der Wagen ins Schleudern und muss mit der Handbremse dosiert abgefangen werden. Allerdings gab es Tage, an denen sich das nicht so präzise abspielte und alles aus dem Ruder lief, sodass dann der Tiefschnee im Graben die letzte Rettung war.

Entscheidend ist, dass beim Überschlag keine massigen dicken Hindernisse im Weg stehen, denn erst dann wird es beim Aufprall für die Fahrzeuginsassen gefährlich.

15. Kapitel

Ende der 70er Jahre, als sich unser neues Modell als Brot- und Butter Auto mit Wasserkühlung und Frontantrieb am Markt etabliert hatte, wollte unser Vertriebsvorstand aus verkaufstaktischen Gründen eine deutlichere Unterscheidung zwischen den Basis- und den hochwertigeren Modellen.

Als damals vermehrt die Gasdruckfedern aufkamen, die die Front- und Heckklappen stützten, bauten wir sie in fast alle Fahrzeuge ein, da wir aufgrund der höheren Stückzahlen Preisreduzierungen von den Herstellern bekamen.

Da dies mein Fachgebiet war, beauftragte uns der Entwicklungschef statt der Gasdruckfeder etwas Einfaches und Umständliches zu entwickeln. Etwas, das bei normalem Gebrauch auch funktionssicher war - aber nicht so komfortabel. Wem das als Käufer nicht gefiel ... ein kleiner Aufpreis konnte Abhilfe schaffen.

Natürlich war die Gasdruckfeder eine tolle Sache bei der Beladung des Kofferraums mit beiden Händen. Sie hielt die schwere Heckklappe sicher in Offenstellung.

Also machte ich mich daran, eine Rohkarosserie mit Heckklappe zu besorgen, an der ich vieles ausprobieren konnte. So verformte ich zahlreiche Stangen, bis ich eine dafür geeignete Form im Einhängebereich der Heckklappe ermittelt hatte. Mit etwas Glück, konnte ich diese auf Einhandbetrieb optimieren. Bei der folgenden Besichtigung meiner Arbeit durch den Entwicklungschef störten lediglich noch leicht schabende Geräusche, die beim Einrasten in die Heckklappe verursacht wurden. So ließ ich diesen Bereich noch mit Kunststoff umspritzen und fertig war die Laube.

Nach der Absegnung durch meinen Chef, der das auch noch unserem Vertriebsvorstand vorführte, ging dieses Ding sechs Monate später in die Serienfertigung. Da sich unsere Monteure an den Produktionsbändern bereits an die bequemen Gasdruckfedern gewöhnt hatten, kam es häufig vor, dass die Heckklappen, ohne dass sie die Stützstangen entriegelten, geschlossen wurden. Dadurch entstanden an den neuen Autos Folgeschäden, die den Produktionsablauf behinderten. Aber der Vertrieb war zufrieden, da unsere Kunden jetzt häufiger wertvollere Fahrzeuge mit Gasdruckfedern bestellten.

16. Kapitel

Nach und nach merkten meine Kollegen und mein Gruppenleiter, wie akribisch ich die Dinge anging, um Verbesserungen zu erzielen und wie ich mich, auch bei Zulieferfirmen, mit Erfolg durchsetzte. So wurde ich immer mehr mit der Abarbeitung von anderen Bauteilen, die teils schon seit Monaten auf Bearbeitung warteten, beauftragt.

Das nächste Projekt, das mir übergeben wurde, waren Tür-

und Heckklappenscharniere, die draußen im Feld unseren Kunden Ärger und dem Unternehmen erhebliche Kulanz- und Gewährleistungskosten verursachten. Das ging so weit, dass diese in der Lagerung festkorrodierten, wodurch sich die Türen und Heckklappen immer schwieriger und nur mit größter Kraftanstrengung öffnen oder schließen ließen. Letztendlich rissen sie nach wenigen Jahren ganz aus der Verankerung.

Bei der Winterbestreuung der Straßen mit korrosionsfördernden Chemikalien war das kein Wunder, da die Scharniere zum Teil außen und teilweise ungeschützt im Türkanal angeordnet waren.

Waren die Türen und Heckklappen geschlossen, trugen deren Scharniere zur Stabilität bei. Auf sie galt es also besonderes Augenmerk zu richten. Sie mussten eine stabile Säulenanbindung haben und spielfrei über die Fahrzeuglebensdauer von damals 100 000 Kilometer bzw. auf zehn Jahre ausgelegt sein.

Anhand der anfangs studierten alten Berichte hatte ich bereits von der gesamten Problematik und den bisher erfolglosen Verbesserungsversuchen meiner Kollegen erfahren. Sogar ausgesprochen umfangreich, denn ein älterer Kollege hatte zur Thematik der Problemstellung einen umfangreichen Schriftsatz erstellt - leider vermisste ich einen ähnlich ausführlichen Papierstapel mit der Problemlösung. Das Problem war schon vor dieser Dokumentation ausreichend bekannt. Über so etwas konnte ich wieder einmal nur den Kopf schütteln. Die dafür benötigte Zeit hätte sinnvoller zur Problemlösung eingesetzt werden können. Also machte ich mich an die Arbeit.

Zuerst beschaffte ich mir aus der Produktion des Zulieferers neue Einzelteile mit den jeweiligen Messberichten und ließ diese Teile exakt vermessen. Beim Abgleich mit den Zeichnungsvorgaben des Zulieferers stellte ich Abweichungen fest, die bereits dazu führten, dass bei dem Einpressen des Lagerungsstiftes Fressspuren am Stift auftraten, die schon im Neuzustand Schwergängigkeit auslösten.

Da die Werkzeugabnutzung infolge der hohen Stanzkräfte erheblich war, wurden die Werkzeugstandzeiten herabgesetzt, um die Sicherheit zu erhöhen.

Als Nächstes beschaffte ich mir vom Lieferanten Teile mit Größt- und Kleinstmaß, um sie gezielt mit Salzlösung zu besprühen.

Diese Ergebnisse verglich ich dann mit beanstandeten Teilen von Kundenfahrzeugen. Jetzt konnte ich leicht berechnen, wie viele Runden im Versuch welcher Kilometerleistung im Normalbetrieb entsprachen.

Hier zeigten sich hinsichtlich geringerer Schwergängigkeit Verbesserungen allein durch Änderungen der Materialpaarungen und zusätzliche Anbringung von Fetttaschen am Lagerstift, von denen allerdings einige den anschließend durchgeführten Zerreißversuchen zur Erfüllung der gesetzlichen und länderspezifischen Vorgaben nicht standhielten.

Nach weiteren Versuchen überlegte ich, zwischen Scharnierauge und Lagerstift Kunststoffbuchsen anzubringen, die allerdings nicht dem kompletten Karosseriedurchlauf durch die Produktion mit unterschiedlichen Bädern und Temperaturen standhielten. In vielen Messreihen und praktischen Versuchen gelang es mir, in Verbindung mit einem speziellen Zulieferer innerhalb der KU-Buchse ein Bronzegitter anzuordnen, das die negativen Eigenschaften ausglich und bei späteren Modellen in Serie umgesetzt werden konnte. Derartige Teile sind meines Wissens noch heute im Serieneinsatz.

Nach Überarbeitung der Werkzeuge durch den Hersteller fertigte er in meinem Beisein Neuteile an, erstellte die notwendigen Messblätter und montierte sie. Und siehe da, Fressspuren konnten an keinem Teil mehr festgestellt werden und die Regressansprüche blieben künftig aus. Kleine Ursache - große Wirkung.

Parallel zu den bisherigen Dichtungsprofilen sowie den Tür-und Heckscharnieren wurde mir danach noch die Zuständigkeit für ein wichtiges Bauteil, den Türfeststeller, übertragen, der ebenfalls auf die Funktion der Tür einen wesentlichen Einfluss hat.

Zum einen muss er den Türöffnungswinkel begrenzen, bevor die Türscharniere zum Anschlag kommen und zum anderen muss er die Tür beim Ein- und Aussteigen sicher arretieren. Ferner darf dieser keine Schwergängigkeit der Tür beim Öffnen oder Schließen verursachen. Diese Anforderungen müssen über die Fahrzeuglebensdauer unter Staub- und Korrosionseinfluss sowie unter Temperaturen von -40 °C bis +80 °C erfüllt werden.

Da alle bisherigen Fahrzeuge größtenteils für diesen Zweck nur ein ganz simples Zugband aus Leder oder Kunststoff hatten, fing die Entwicklung eines Türfeststellers mit diesen doch recht aufwendigen Funktionen durch mich erst an.

In Verbindung mit einem hierfür prädestinierten Zulieferer, der auch in der Lage war, schnell und kostengünstig auf kleinem Dienstweg Handmuster zu erstellen, konzipierte ich viele Lösungen, mit denen Grundsatzuntersuchungen durchgeführt werden konnten. Jene, die bei Wärme gut waren, versagten bei Kälte oder umgekehrt. Als Grundprinzip verfestigte sich dann nach monatelangen Testreihen ein an einer Stelle verdicktes Stahlband, das durch ein an der Tür befestigtes geschlitztes Gehäuse, in dem zwei Hartgummiteile eingelassen waren, beim Öffnen oder Schließen durchgezogen wurde. Jetzt galt es noch die Anlaufwinkel der Stahlbandverdickung und die Shorehärten der Hartgummis entsprechend abzustimmen. Allein diese Tests nahmen wieder Wochen in Anspruch.

Wie sich dann später Ende der 80er Jahre beim Joint Venture mit einer chinesischen Firma zeigte, war die Einhaltung der Kräfte am Türfeststeller wichtig. Die Ehefrau des chinesischen Außenministers hatte sich beim Einsteigen in unseren Vorführwagen beim Schließen der Tür selbst wieder aus dem Auto katapultiert. Das führte beinahe zum Platzen des Vertrages. Bei der Aufarbeitung dieses Falles beobachtete ich, dass die leichtgewichtigen Asiaten nicht seitlich auf den Sitz rutschen, sondern quer ins Auto kriechen und sich bei einer schwergängigen Tür dabei leicht wieder aus dem Auto ziehen können. Andere Länder - andere Sitten. Wegen dieses Verhaltens mussten sogar die hinteren Türen verlängert werden.

Ein Serieneinsatz mit diesem neu entwickelten Türfeststeller war in Verbindung mit einem ganz neuen Modell, das das künftige Brot und Butter-Auto werden sollte, für Anfang 1974 geplant. Ferner wurde vom Vorstand festgelegt, dass dieser neue Türfeststeller bereits im Rohbau installiert werden sollte, um dann durch alle Tauchbäder zu laufen, um festzustellen, ob sich dabei Nachteile hinsichtlich Funktion und Geräusch ergaben.

Weil die ersten Versuche mit werkzeuggefertigten Teilen bei meinen Tests in Finnland bei −45 °C negativ verliefen, mischte der Lieferant die Bremsstücke aus Hartgummi mit dem kältebeständigeren Silikon. Dadurch wurden auch die geforderten

Momente unter Kälteeinfluss erfüllt.

Was wir noch nicht wussten, war, dass sich beim Bäderdurchlauf kleinste Silikonteilchen lösten, die die Bäder verunreinigten und die gesamte Fabrik durch auftretende Lackkrater an den Fahrzeugen lahmlegte - ein ärgerlicher Fehler. Nachdem wir in 24-Stunden-Schichten mithilfe der Lackfirmen die Ursache fanden, wurden aus der gesamten Produktion alle Maschinen mit silikonhaltigen Bestandteilen wie Dichtungen oder Manschetten in tagelanger Arbeit ausgewechselt. Der entstandene Schaden war riesig.

Mein Büro, das ich mir ab 1972 mit sieben Kollegen teilen musste kam uns wie eine Abstellkammer vor. Für jeden Mitarbeiter standen nur fünf Quadratmeter zur Verfügung. Das wäre vielleicht alles nicht so dramatisch gewesen, wenn die »oben« nicht in überdimensionierten Büros mit Vorzimmern und den dekorativen dazugehörigen Damen und Ölgemälden residiert hätten. Bei uns bildete den Hintergrund eine Ordnerparade, die sich über Jahrzehnte angesammelt hatte. Computer gab es ja noch nicht. Die Enge erschwerte das konzentrierte Arbeiten einfach erheblich und ließ die Diskrepanz zwischen den Arbeitsplätzen und die damit verbundene Unzufriedenheit immer wieder aufkeimen.

Es gab allerdings noch eine Steigerung ... unser Büro in L. A.

Hier waren bis zu neun Kollegen im Raum. Das Rauchen am Arbeitsplatz - und in den Fahrzeugen - war ein Problem. Hauptsächlich meins, denn mein Zigarettenkonsum war beträchtlich. Manchmal ertappte ich mich beim Telefonieren dabei, wie ich neben zwei brennenden Zigaretten im Aschenbecher dabei war, mir noch eine Dritte anzustecken. Aber es war verdammt schwer, darauf zu verzichten. Ohne Rauch konnte ich im Büro nicht arbeiten. So gab es deswegen ständig Krach. Also stellte ich das Rauchen im Büro radikal ein.

Schlimm wurde es für mich auf Langstrecken, als die Fluggesellschaften, die bis dahin immer ein paar Platzreihen für Raucher reserviert hatten, ein striktes Rauchverbot verhängten. Sie können sich nicht vorstellen, was ich für einen Schmacht auf eine Zigarette hatte, wenn ich nach zwölfstündigem Flug in Los Angeles ankam und mir dort verbotenerweise ein Plätzchen suchte, um rasch eine zu stauben. Als ich hinter einer dicken Säule

Erprobungsstandort in Los Angeles.

Beliebtes Kultauto junger Leute in den USA

stand und schnell eine runterzog, hatte ich den Rauchmelder an der Decke übersehen. Polizei und Feuerwehr rückten mit Getöse an und ich sollte noch 2000 USD »brennen«, die mir dann aber erlassen wurden.

Ein anderes Mal befand ich mich auf einem Langstreckenflug nach Peking in der First als einziger Passagier, wo mir die Stewardess erlaubte, ein paar Züge meiner Zigarette zu assimilieren.

In den Gebäuden unseres Prüfgeländes in Arizona herrschte striktes Rauchverbot. Wenn ich aber meine Auswertungen machte oder Berichte schrieb, musste ich dabei einfach rauchen. So machte ich tagsüber meine Straßenversuche, wartete den Feierabend ab und schrieb dann nachts die Berichte im Zigarettendampf. Wegen der Klimaanlage im Dauerlauf roch es am nächsten Tag für die Anderen nach Rauch. Den Wortwechsel will ich hier lieber nicht wiederholen. Also ging ich künftig ins Hotel.

Da draußen das Rauchen erlaubt war, bauten mir meine amerikanischen Kollegen für den nächsten Besuch zu meiner Überraschung außerhalb des Gebäudes ein eigenes Büro unter einem Schleppdach, in dem ich qualmen konnte, wie ich wollte.

Erst kurz vor meinem Ausscheiden aus dem Arbeitsleben im September 2003 gelang es mir am 2. Mai 2000, diese abscheuliche Sucht zu bezwingen.

Der Grund war simpel. Mit einem Kollegen flog ich nach Spanien, um dort Fertigungsprobleme zu checken und nach Möglichkeit gleich abzustellen. Nach getaner Arbeit gingen wir spät am Abend noch essen und diskutierten anschließend bei einigen Flaschen Rotwein und vielen Zigaretten über die Ergebnisse des Tages. Als ich gegen Mitternacht mein Hotelzimmer betrat, stank es erbärmlich nach kaltem Rauch. Das war mir früher nie passiert. Mir wurde richtig schlecht, so beschloss ich, das Rauchen endgültig aufzugeben. Ich sammelte alle Rauchutensilien ein und schmiss sie in den Müllcontainer. Darunter waren ein neues elektronisches Feuerzeug und drei Stangen Zigaretten, die ich mir morgens noch auf dem Madrider Flughafen gekauft hatte. Ich sagte mir, mein letzter Versuch mit dem Rauchen aufzuhören, müsste zwecks Nachhaltigkeit schmerzen.

Als ich mich morgens mit meinem Kollegen, der ebenfalls ein

Extreme Staub- und Steinschlagerprobung auf Schotterwegen mit Prototypen

leidenschaftlicher Raucher war, zum Frühstück traf, hatte er schon wieder einen Glimmstängel im Mundwinkel und bot mir auch einen an. Eindeutig informierte ich ihn über meinen Entschluss der letzten Nacht und untersagte ihm, mir jemals wieder eine Zigarette anzubieten. Sein Gesicht drückte mehr als nur Skepsis aus. Da wir in dieser Firma noch den ganzen Tag verbrachten und dort ohnehin Rauchverbot herrschte, überstand ich diesen Tag, ohne in Versuchung zu geraten. Der nächste Tag fiel mir schwerer. Wir flogen von Madrid nach Barcelona und wollten uns am Sonntag das Formel-1-Rennen um den Großen Preis von Spanien von der Tribüne aus anschauen. Rund um mich qualmten die Leute eine nach der anderen. Aber ich hielt bis zum heutigen Tag durch. Das muss ich erwähnen, denn ich bin stolz und heilfroh über den Erfolg. Jetzt nach zwölf Jahren Abstinenz träume ich auch nachts nicht mehr davon, wie es ist, eine Zigarette zwischen den Fingern zu halten und frischen Rauch zu inhalieren.

Aufgrund meiner jahrelangen fruchtbaren Zusammenarbeit mit unseren Zulieferfirmen entwickelten sich über die Jahre auch Freundschaften, sodass man sich auch außerhalb der Arbeitszeiten hin und wieder traf und Tennis spielte oder zum Essen ging. So kam es, dass zu meinem 50. Geburtstag einige meiner Freunde kamen und ein selbst gefertigtes jobbezogenes Gedicht vortrugen.

17. Kapitel

Nachdem meine Chefs von meiner Arbeitsweise überzeugt waren und durch die Neuentwicklungen die Anforderungen stiegen, wurde mir zu meiner Freude die Zuständigkeit für den kompletten Bereich Türen/Frontdeckel und Heckklappen übertragen. Dazu gehörten die Rohbausteifigkeiten, der Korrosionsschutz, alle Einbauteile mit den Baumusterfreigaben sowie die Montagen, die Einbruchsicherheiten gegen Diebstahl und die diversen Crashanforderungen. Hinzu kam noch die Durchführung aller länderspezifischen Typ-Prüfungen der sicherheitsrelevanten Bauteile, sowohl am Einzelteil als auch im Zusammenbau, ohne die kein Fahrzeug exportiert werden kann.

Dieser Aufgabenkomplex mit den verantwortungsvollen Aufgaben brachte für mich spürbare finanzielle Verbesserungen. Mit der

Übernahme dieses neuen Aufgabengebietes bekam ich erstmals Gelegenheit, ein neues innen liegendes Türschloss mit einem kompletten Schließsystem für den dritten Nachfolger unseres am Markt erfolgreichen Brot und Butter-Autos zu entwickeln.

Meine Kompetenz in diesem Bereich war jetzt unbestritten. Alle relevanten Besprechungen und Planungsvorbereitungen fanden in meiner Anwesenheit statt. So konnte ich rechtzeitig den nötigen Input geben und nicht erst dann, wenn das Kind in den Brunnen gefallen war.

Als ich das erste Mal nach Phoenix flog, sollte ich Lösungen erarbeiten, welche die Türöffnungskräfte unter Staubbelastung reduzieren sollten. Arizona war deshalb gut geeignet, weil weite Teile des Straßensystems abseits der Fernstraßen noch unbefestigt waren. Damals fuhren die Amerikaner noch überwiegend große Schlitten mit riesigen Türfugen, gewaltig breiten Türen und überdimensionierten Türschlössern, die mir hinsichtlich Staubansammlungen unkritischer erschienen. Nachteilig war aber, dass sich bei diesen Vehikeln im Fahrzeuginnenraum wesentlich mehr Dreck als in unseren Fahrzeugen absetzte. Was dem einen zum Vorteil war, gereichte dem anderen zum Nachteil. Hier galt es für mich, einen vernünftigen Kompromiss zu erarbeiten. Ferner war bei amerikanischen Autos der Arbeitshub an den Betätigungselementen wesentlich großzügiger, als bei den Unsrigen. Denn die für das Türöffnen aufzubringende Arbeit ergibt sich nach dem physikalischen Gesetz mit der Multiplikation der Öffnungskraft mit dem Arbeitshub. Bei geringem Arbeitshub muss also eine größere Kraft aufgebracht werden, als bei einem größeren Arbeitshub (vgl. Hebelwirkung).

Nach zweiwöchiger Erprobungszeit und 20 000 Kilometern Staubstrecke mit vier Fahrzeugen hatte ich fünf wirkungsvolle Maßnahmen erarbeitet, die im Durchschnitt eine Reduzierung der Öffnungskräfte um ca. 50 % brachten.

Gleichzeitig war für mich wichtig, parallel zu ermitteln, wie viel Staub im Schloss blieb und an welchen Stellen sich der Staub im Schloss absetzte. Auf keinen Fall durfte es dazu führen, dass die Funktionsfähigkeit einiger Hebel oder Schalter behindert wurden. Deshalb veranlasste ich meine Monteure, alle 2500 Kilometer die Türschlösser vorsichtig zu demontieren, exakt zu wiegen und die Verkleidungen zu entfernen.

Erst danach konnte ich die kritischen Bereiche im Schlossinnern begutachten und mit der eigens für diesen Zweck von mir privat gekauften Kamera als Beweis für meine späteren Änderungsforderungen fotografieren.

Weil die Türschlösser im Inneren der Tür angeordnet waren, musste bei jeder Demontage auch die Türfolie mit der Türverkleidung entfernt werden. Das verlangte eine besonders vorsichtige Arbeitsweise. Denn bei undichten Stellen an diesen Elementen wären nach der Montage vollkommen andere Prüfverhältnisse entstanden. Es war also sicherzustellen, dass der Staubeintritt in die Tür von der Türfuge her über das Schloss erfolgt und nicht über andere undichte Stellen. Deshalb hatte ich die Fahrer strikt angewiesen, bei der Fahrt die Klimaanlage auszuschalten und zusätzlich wegen des höheren Innenraum-Unterdruckes eine Türseitenscheibe zehn Millimeter weit zu öffnen. Meine Maßnahmen zur Verringerung der Türöffnungskräfte und zur Erhöhung der Funktionssicherheit waren in Anbetracht der kurzen Erprobungsdauer ein respektables Ergebnis, die aber erst noch zu Hause unter allen denkbaren Schwierigkeiten umgesetzt werden mussten. Wenn ich überschlage, wie viel Energie ich auf den Kampf mit Bürokraten und sonstigen professionellen Verhinderern aufwenden musste, dann kann ich heute rückblickend feststellen, dass wir die Kosten in unserer Abteilung um mindestens 20 % hätten reduzieren können, wenn diese Spezies uns nicht ständig behindert hätten. Mit Sicherheit ein Millionenbetrag!

Da ich für kommenden Montag meinen Rückflug geplant hatte und ein Wochenende bevorstand, wollte ich diese Gelegenheit nutzten, um meinen Reisebericht zu schreiben.

Es kam allerdings nicht dazu, denn mein amerikanischer Monteur besuchte mich und schlug vor, einmal seine Schusswaffensammlung auszuprobieren. So fuhren wir mit seinem 550 PS Pick-up in die Wüste weitab von bewohntem Gebiet. An einem riesigen Haufen mit aufgeschichteten Steinen befestigten wir einige Zielscheiben, Flaschen und auch etwa zehn Millimeter dicke Kupplungsscheiben. Seinen Pick-up stellten wir ca. 50 Meter entfernt ab, befreiten die Schusswaffen aus ihren Schutzhüllen und legten alle, samt Munition, griffbereit auf der Ladefläche des Fahrzeugs ab. Da ich weder bei der Bundeswehr noch auf irgendeine andere Art vorher etwas mit Schusswaffen zu tun gehabt hatte, war ich, bei allen pazifistischen Neigungen, fasziniert von dem Zeug. Als Erstes klärte er mich über den richtigen Umgang mit den Waffen auf. Insbesondere warnte er mich vor dem Rückstoß. Dann ging es los. Zuerst schoss er mit der Beretta neun Millimeter x 17 (dem sogenannten Damenrevolver), dann ich. Während er die Zielscheiben mit den Pistolen zumindest traf, war auf meinen kein Einschuss zu erkennen. Die beeindruckendste Pistole für mich war die Magnum 45, die ein 20 mm dickes Holz durchschlug. Die Krönung dieser Schießübungen war seine Winchester mit der man nach seinen Worten einen Elefanten längs durchschießen könnte. Durch meine Aufgeregtheit riss mir dieses Gewehr durch den Rückstoß fast die Schulter ab, weil ich es nicht fest genug dagegen gepresst hatte. Zur Demonstration der Durchschlagskraft dieser Waffe zielte er auf die 15 mm dicke Kupplungsscheibe aus Stahl, die danach ein rundes, wie gebohrt aussehendes Loch aufwies.

Am letzten Samstagabend meines Aufenhaltes bekam ich durch Zufall mit, dass mein Hotel täglich am frühen Abend eine Happy Hour anbot und gratis Getränke ausschenkte. Ich fand, dass ich ein wenig Entspannung verdient hätte und sah darin eine gute Gelegenheit mit anderen Gästen und dem Hotelpersonal ins Gespräch zu kommen, um auch einmal Neuigkeiten der Region zu erfahren, die nichts mit meiner Arbeit zu tun hatten. Als ich mich an der Bar einfand, kamen mir Zweifel, ob das eine gute Idee gewesen war. Die meisten Hotelgäste standen in Fünferreihen vor der Theke, um sich Bloddy-Marys, die Coke with Rum, Wine oder Bier hineinzuschütteten. Wegen des derzeit milden Klimas in dieser Jahreszeit waren die meisten Hotels hauptsächlich am Wochenende ausgelastet.

Weil ich noch nichts gegessen hatte, fuhr ich in die Innenstadt zu einem urigen Gebäudekomplex mit dem Namen »Mr. Lucky«, das mir von einer Amerikanerin empfohlen wurde. Der Komplex beherbergte ein Restaurant, eine riesige Disco und ein Außengelände, auf dem am Abend das für Arizona berühmte »Bullen-Reiten« stattfand.

Bei diesen vielen Attraktionen verging für mich die Zeit wie im Fluge und als ich die 40 Meilen zurück zum Hotel fuhr, stellte ich fest, dass ich mich »verfranzt« hatte. Diese Flächenstadt hatte es in sich. Der Kauf eines Stadtplanes verbesserte meine Lage nicht wesentlich. Die Straßen waren um diese Zeit bereits wie leer gefegt, da nachts viele Kriminelle ihr Unwesen treiben und Überfälle mit Schusswaffen an der Tages- (Nacht-) Ordnung waren. Fragen konnte ich also niemanden. Als ich auf einer sechsspurigen Straße auf eine Ampel zurollte und krampfhaft nach einem Straßennamen suchte, näherte ich mich dem Unheil. Um den Straßennamen mit der Karte zu vergleichen achtete ich für einen Moment nicht auf die Straße und knallte einem großen Schlitten ins Hinterteil. Wer stieg dort aus? Es waren zwei riesige Polizisten mit großkalibrigen Pistolen im Anschlag. Nachdem sie sich von meiner Harmlosigkeit überzeugt hatten, befahlen sie mir, ihnen zu folgen - was nicht einfach war. Denn meine zierliche Stoßstange hatte sich dermaßen mit der Buick-Stoßstange verhakt, dass wir alle drei kräftig daran ruckeln mussten, um die Autos wieder zu befreien. Jetzt folgte ich dem Zivilwagen der Polizisten auf einen großen Parkplatz eines Circle-K-Supermarktes neben der Kreuzung.

Sie vermuteten natürlich, dass ich zuviel Alkohol getrunken hätte und machten folgenden Alcotest: Sie hielten mir einen Kugelschreiber vor die Augen, bewegten ihn schlagartig nach rechts und links und ich durfte ihm mit den Pupillen folgen. Nachdem das Ergebnis des Alcotests wohl nicht so eindeutig ausfiel, ließen sie Gnade vor Recht ergehen. Sie empfahlen mir den Wagen stehen zu lassen und riefen mir ein Taxi. Erleichtert ließ ich mich in das Auto gleiten und erst als die Taxe weg war, fiel mir ein, dass ich mir die Kreuzung an der mein Auto parkte, nicht gemerkt hatte. Die Überlegungen, wo das wohl gewesen sein könnte, hielten mich die ganze Nacht wach.

Am nächsten Morgen sprang ich um sechs Uhr aus dem Bett und orderte wieder ein Taxi, um mich auf die Suche zu machen. Als Zielort sagte ich der exzellent alimentierten farbigen Taxifahrerin, ich müsste zu einem großen Parkplatz gebracht werden, auf dem sich ein Circle-K-Supermarkt befände. Das war nämlich das einzige Indiz, das ich mir gemerkt hatte. Sie schaute mich mit ihren großen Augen an und sprudelte heraus, dass es hier Hunderte von solchen Plätzen gäbe und sie schon exaktere Angaben von mir bräuchte. Gern, nur wie? Also tasteten wir uns langsam vor und fanden nach über dreistündiger Suche tatsächlich den Platz wieder, wo ich mein Fahrzeug ein paar Stunden vorher zwangsläufig verlassen hatte.

Zum Glück war durch den Crash kein Kühlwasser ausgetreten.

Das war zunächst aber auch der einzige Lichtblick. Damit das Auto wieder fahrbereit wurde, besorgte ich mir aus dem Supermarkt ein Seil. Das befestigte ich an der deformierten Stoßstange und an einem Baum und auf diese Weise gelang es mir mit Hilfe des Rückwärtsganges so an der Karosse zu ziehen, dass die Vorderräder frei waren. Während die hintere Stoßstange des dicken Buicks den Crash fast unbeschadet überstanden hatte, bot mein Auto einen schrottigen Anblick. Wie mir später meine amerikanischen Kollegen andeuteten, hätte ich Glück im Unglück gehabt, denn normalerweise wurde man bei einer derartigen Aktion, wie ich sie mir geleistet hatte, von der Polizei für eine Woche ins »State-Prison« gesteckt.

Ein anderes Mal war ich mit zwei Monteuren im gleichen Hotel und wir entspannten uns Freitagsabend genüsslich bei der mir nun bekannten Happy Hour und hatten nicht mehr vor, dass Hotel zu verlassen. Als die Zeit der kostenlosen Getränke vorbei war, entschlossen wir uns ins Restaurant des Hotels überzuwechseln, etwas zu essen und den Abend an der Bar ausklingen zu lassen. Meine Reisetasche mit allen wertvollen Utensilien wie teuerem Fotoapparat, Filmkamera, Pässen, Flugtickets und 6.000 $ Bargeld hatte ich über meinen Barhocker gehängt und den ganzen Abend nicht aus dem Auge gelassen. Als mir jedoch allmählich die Augen zuvielen, ließ ich meinen beschriebenen Deckel auf meine Hotelrechnung setzen, verabschiedete mich und eilte in mein Zimmer, um kurz danach in Tiefschlaf zu verfallen. Durch irgendetwas wurde ich nachts munter und mein Blick fiel auf die Stelle, an der ich immer meine Reisetasche abgelegt hatte. Doch diese Stelle war leer ...

In Panik stülpte ich mir meinen Bademantel über und rannte in die Hotelbar, die zwar noch offen war, aber in der keine Gäste mehr zu sehen waren. Und was hing noch über dem Barhocker? Meine Reisetasche mit all den wertvollen Dingen, die sich noch wohlbehütet darin befanden. Nach dem Schreck musste ich mich erst einmal setzen und mich nach meiner Rückkehr wieder auf die Arbeit konzentrieren.

Es war angedacht, das künftige Schlosssystem so zu gestalten, dass an ein Basismodul für preiswerte Fahrzeuge auch Module für höherwertige Modelle angedockt werden konnten. Dadurch war es möglich, Kosten bei der Schlossherstellung durch den Zulieferer und auch bei uns einzusparen. Außerdem erhofften wir uns von den Versicherern für unsere Kunden günstigere Tarife zu erhalten, da diese Schlösser reparabel wurden und bei Fahrzeugschäden nicht gleich ausgetauscht werden mussten.

Für die gesamte Schlossneuentwicklung hatten wir 2 Jahre eingeplant. Um vom ersten Zeichnungsstrich bis zur Serienreife so wenige Fehler wie möglich zu machen, schlug ich vor, für jeden Entwicklungsschritt im Vorfeld eine Fehlermöglichkeitsanalyse (FMEA) durchzuführen. Meine Überzeugungskunst schaffte es letztlich, bei meinen Chefs und Entwicklungspartnern folgende FMEA`s durchzusetzen:

- Diebstahl- und Einbruchs-FMEA
- Konstruktions-FMA
- Sicherheits-FMEA
- Fertigungs-FMEA
- Prozesssicherheits-FMEA
- Montage- und Demontage-FMEA
- Logistik- FMEA
- Kundendienst-FMEA

Für die Erprobung dieser Türschlösser, für die ich mich jetzt vom Versuch her allein verantworten musste, stellte ich noch folgendes Erprobungsprogramm zusammen, das später in den Prüfkatalog für folgende Entwicklungen eingearbeitet wurde:

- Maßkontrolle aller Funktions- und Anschlussmaße nachZeichnung
- Funktionskontrolle von Hand, unter Last und unter Wärme-/Kältebelastung
- Montage- und Demontageversuche
- Diebstahl- und Einbruchsversuche
- Korrosionsversuche im Salzsprühverfahren
- Dauerprüfstandsversuche über 100.000 Betätigungen
- Dauerfahrversuche über 100.000 Kilometer; davon 20.000 Kilometer unter Wärme-/Staubbelastung
- Türkeiabnahmefahrt
- Abnahme einer 2-Tagesproduktion beim Hersteller

- Durchführung der Baumustergenehmigung
- Durchführung der länderspezifischen Typprüfgenehmigung
- Überprüfung der Crashsicherheit

Nach einigen Wochen wurden die ersten handgefertigten Schlösser, wobei ein Teil noch ca. 60 000 DM kostete, vom Mitentwicklungslieferanten angeliefert. Die ersten Versuche wurden mit positiven Ergebnissen abgeschlossen. Deshalb veranlasste ich die Montage dieser Teile in bisherige Serienfahrzeuge, die bereits als Erprobungsträger rohbaumäßig umgerüstet waren. Nun begannen mit diesen Autos Stauberprobungen in Südafrika und Arizona.

Denn aus unserer Erfahrung heraus wussten wir, dass sich im Schloss an kritischen Stellen abgelagerter Staub nachteilig auf die Betätigungskräfte oder Momente auswirkt und im Extremfall zum Totalausfall des Schlosses führt.

Als Partner für die Entwicklung des Schlosses hatten wir uns eine Firma im Ruhrpott ausgesucht, die damals führend war. Dem jungen dynamischen Schlosskonstrukteur hatte ich zwecks Motivation versprochen, ihn einmal bei einer der nächsten Erprobungen mitzunehmen, was ich vier Monate später tat.

Hierzu muss man wissen, dass es in vielen Ländern unbefestigte Straßen gibt, auf denen unsere Kunden täglich zur Arbeit, zum Einkaufen oder sonst wohin fahren und für ihre Fahrzeuge einwandfrei funktionierende Türschlösser erwarten. Deshalb war dieser Aufwand begründet und nötig.

Weil die Schlösser jedes Mal nach einer Laufleistung von 500 Kilometern von mir kontrolliert werden mussten, hatte ich zwei Monteure, welche die Schlösser de- und wieder montierten.

Weil der Aufwand einer Prototypenerprobung in staubreichen Ländern aufwendig und das Risiko der Entdeckung durch Journalisten hoch ist, machte ich den Vorschlag, Prototypentüren in ältere Modelle zu montieren und diese auf Reisen zu schicken. Die Idee wurde begeistert aufgenommen, zumal die dafür vorgesehenen Prototypen dann für andere Arbeiten genutzt werden konnten.

Also erhielt ich den Auftrag, sechs unauffällige Fahrzeuge zu besorgen und diese so umzubauen, dass die Passung der Türen den Umströmungsverhältnissen in etwa denen der Prototypen und deren Zeichnungswerten hinsichtlich der Schließ- und Öffnungskräfte entsprachen. Nach Fertigstellung aller Fahrzeuge, die pro Stück 150 000 DM kosteten, konnte ich sie auf einen Straßendauerlauf schicken. Über 100 000 Kilometer mussten sie jetzt herunterspulen. Wir erzielten auf diese Weise für die Entwicklung einen erheblichen Zeitgewinn und sparten Entwicklungskosten.

Weiterhin unterbreitete ich meinem Entwicklungschef wegen der toleranzempfindlichen Türsysteme den Vorschlag, für jedes Fahrzeugmodell Tür-Nennmaßmodelle anfertigen zu lassen, bei denen sich die exakten Zeichnungstoleranzen im Feinbereich mittels Micrometerschrauben einstellen ließen. Denn oft stellte ich trotz Einhaltung der Zeichnungswerte fest, dass die Funktionen gestört waren. Außerdem sahen wir immer mehr Bowdenzug gesteuerte Betätigungen vor, die sich noch dazu unter Kälte- und Wärmeeinfluss stark veränderten (Wärmeausdehnung).

Auch hier stimmte er zu, da sonst ständig jemand für diese wichtigen Prüfungen an den Fahrzeugen unterwegs gewesen wäre.

Bei jeder Fahrzeugerprobung achte ich zu Beginn vorrangig darauf, erst einmal brauchbare Ergebnisse zu bekommen, auch wenn der Arbeitstag mal 15 Stunden andauerte. Je nach Arbeitseinsatz meiner Leute setzte ich mich dann dafür ein, dass sie anschließend, nach erfolgreicher Erprobung, ein paar Tage frei bekamen.

Da meine Monteure infolge ihres geringeren Einkommens auch einen spärlicheren Spesensatz für Auslandseinsätze hatten, gingen wir abends meistens gemeinsam essen, wo ich dann einen Teil ihrer Restaurantkosten übernahm.

Hier darf natürlich die Geschichte vom Verhalten eines bestbezahlten Managers des Unternehmens nicht fehlen.

An einem Wochenende im September 2001 waren 50 Manager mit dem Big Boss nach Arizona gereist, um sich über Entwicklungsstände zu informieren. Als Abschluss wollte dann, wie der Assistent unseres Big Bosses verkündete, der Big Boss alle Beteiligten zu einem Abend-Buffet im Hotel einladen. Allerdings hielt die Freude darüber nicht lange an. Als die letzten Bissen noch gekaut wurden, ließ der Assistent dann heimlich bei jedem einzelnen Teilnehmer verlauten, dass durch ein Missverständnis der Big Boss das doch nicht übernehmen wolle und jeder seinen Teil selbst bezahlen müsse. So war das damals mit der Halbwertzeit unserer Manager-Aussagen höchsten Ranges. Auf so etwas fiel ich dann nicht wieder rein.

Ein anderes Mal saßen wir in Spanien abends in einer Taverne zusammen, als unser Big Boss sich dazu gesellte und sein »Viertele Roten« genoss, ohne auch nur einmal Anstalten zu zeigen, für unsere Monteure einen auszugeben. Was für uns Versuchsingenieure eine Selbstverständlichkeit war, hatte sich beim Geldadel noch nicht herumgesprochen.

Als Fahrer für meine Erprobung setzte ich meistens Einheimische ein, die die Gefährlichkeit des Fahrens auf Gravelroad (Straßenbelag mit grobkörnigen runden Steinen) mit Geschwindigkeiten bis 100 Kilometer/h gewohnt waren. Allerdings bekamen sie von mir exakte Anweisungen, wie schnell sie an gewissen Stellen zu fahren hatten, welche Lüftungseinstellungen vorzunehmen waren und welche Betätigungen von Funktionsteilen sie wie oft machen mussten.

In Arizona engagierte ich meistens Indianer als Fahrer für diese Staubstrecken, weil die sich auskannten und die Gefahren einschätzen konnten. Einmal wurde mir bei einer Erprobung auch eine Frau mittleren Alters zugeteilt. Um ihr die für die Erprobung wichtigen Fahrbedingungen zu erklären und sie auf die Gefährlichkeit der Strecke hinzuweisen, fuhr ich erst einmal als Beifahrer mit, um mich von ihrem Fahrstil zu überzeugen. Als ich einigermaßen sicher war, alles Mögliche für ihre Sicherheit getan zu haben, machte ich mich auf den 49 Kilometer langen Rückweg und ließ sie allein ihre Runden drehen. Als ich das Basislager erreichte, kam mir der Leiter aufgeregt entgegen und rief, dass sich die Frau mit dem Versuchswagen überschlagen hatte. Sofort brauste ich die Strecke zurück und sah an der Unglücksstelle Helfer, die sich um die Frau kümmerten. Sie hatte Gott sei Dank keine äußeren Verletzungen davongetragen. Nachdem der Abschleppwagen eingetroffen war und das Unfallfahrzeug verstaut war, fuhr ich sie nach Hause und gab ihr für den Rest des Tages frei. Für mich war jetzt die Sache abgehakt. Jeder kann einen Fehler machen und hat eine zweite Chance verdient.

Wie ich ein paar Tage später erfuhr, sahen ihre amerikanischen Arbeitgeber das aber ganz anders und entließen sie, was ich trotz meiner Fürsprache für diese Frau nicht verhindern konnte.

Da jährlich gerade in Südafrika viele Touristen auf derartigen Straßen mit ihrem Mietwagen schwer verunglücken, haben es fast alle Verleiher untersagt, solche Straßen zu befahren. Nicht zuletzt auch als Eigenschutz, da die Fahrzeuge am Unterboden Schaden nehmen.

Aber gerade weil die Straßen zu dem für Touristen interessanten Kalahari-Springbock-Park nicht gut ausgebaut sind, riskieren es Touristen immer wieder - vielleicht des Nervenkitzels wegen. Verunglücken häufig und haben dadurch nichts als Ärger.

Als ich Anfang der 90er Jahre eine Prototypenerprobung in Südafrika durchführte und mich für die Kalahariwüste im Norden Südafrikas entschied, mietete ich mitten in der Einöde abseits aller Touristenströme eine kleine Farm. Von dort aus startete ich mit meinen zwei Monteuren, jeweils mit zwei Fahrzeugen, zu 500 Kilometer langen Tagestouren.

Mein Erprobungsziel war: die Bewältigung einer Gesamtstrecke von 20 000 Kilometer mit 0-Fehlerquote. Wegen des Prototyps und der damit verbundenen Geheimhaltungspflicht hatte ich mir vor Beginn der Reise einen abschließbaren Aluminium-Anhänger nach den Abmessungsvorgaben der Lufthansa besorgt, den ich direkt in einem Jumbo nach Johannesburg mitnahm. In Johannesburg mietete ich mir einen größeren Wagen, um den Anhänger mit dem Prototypen quer durch Südafrika mit in das Erprobungsgebiet zu befördern. Bei Prototypen war das die Regel.

Bei anderen Konzernabnahmefahrten mieteten wir des Öfteren Frachtflugzeuge, die auf einen Rutsch mal 20 Fahrzeuge an unseren 2 000 Kilometer entfernt liegenden Bestimmungsort beförderten.

An derartigen Konzernabnahmefahrten nahm ich, wenn ich es verhindern konnte, nur ungern teil, da die Organisation von anderen vorgenommen wurde und viele Dinge einfach nicht meinem Verständnis von einer effektiven Erprobung entsprachen. So wurde ich einmal nach meiner Ankunft in Johannesburg in eine angemietete 46 Jahre alte Boeing verfrachtet, die auf mich einen Eindruck machte, als sei sie extra für mich nochmals direkt vom Schrottplatz geholt worden. Diese Maschinen waren die Arbeitstiere der Amerikaner, die von westdeutschen Städten aus in den 60er Jahren regelmäßig nach Berlin eingesetzt wurden und danach ausgedient hatten oder an andere Carrier verkauft wurden.

Als ich jetzt nach 15 Stunden Fahrtzeit mit meinem Gespann bei der Farm ankam, warteten dort beide Fahrer, die ich von Deutschland geordert hatte. Damit wir gleich frühmorgens mit der Erprobung starten konnten, machte ich noch die Grundmessungen an wichtigen Baugruppen, während sich die Fahrer um die Betankung, die wegen der Geheimhaltung aus Kanistern erfolgte, kümmerten. Deswegen wohnten die Fahrer gleich auf der Farm und ich in einer Wüstenstadt im Hotel.

Als ich am nächsten Morgen, eine halbe Stunde früher als vereinbart, noch im Halbdunkel zur Farm zurückkam, lag vor dem Einfahrtor ein länglich gelbgrauschmutziger Gegenstand, der aussah, wie der Betankungsschlauch vom vorigen Abend. Also hielt ich an und wollte diesen vermeintlichen Schlauch gerade aufheben, als der sich bewegte und und zu rasseln begann. Eine Klapperschlange hochzuheben und das mit bloßen Händen ... ich hätte ohne unmittelbare Spritzung des Gegengiftes gerade noch 20 Minuten gehabt, um das Zeitliche zu segnen. Das war wieder einmal knapp.

Da unser Wendepunkt der Eingang zum Wildpark war, ließen wir es uns außerhalb unserer regulären Arbeitszeit nicht nehmen, manchmal diesen Park bis an die Grenze zu Namibia zu durchqueren, um Löwen in der Abenddämmerung bei der Jagd zuzusehen. Es ist schon ein gewaltiger Anblick, wenn vorn auf der Straße ein Rudel Löwen oder Leoparden auftaucht.

An einem Sonntag fuhr ich allein in den Wildpark, denn meine Helfer waren lieber an die Atlantikküste gefahren. Mein Ziel war, einen männlichen Löwen, der selten anzutreffen war, vor meine Kamera zu bekommen. Am Eingang erzählte mir ein Wildhüter, wo er zuletzt einen gesehen hätte. Also befuhr ich diesen Park mit einem älteren Jetta, den ich in Johannesburg gemietet hatte und bei dem der Wählhebel klemmte. Da es in diesem Park, nicht wie im Krüger-National-Park, befestigte Straßen gibt, konnte ich die Wege verlassen und direkt an die vermeintlichen Stellen im Gelände heranfahren. Plötzlich entdeckte ich einen ausgewachsenen Löwen unter einem Busch wie tot auf der Seite liegend. Es war ein gewaltiges Tier, das ich auf ein Gewicht von 400 - 500 kg schätzte. So nahm ich meinen ganzen Mut zusammen und näherte mich ihm mit dem Auto bis auf ca. 5 Meter. Da er von mir aber keine Notiz nahm und ich ihn ja unbedingt filmen wollte, öffnete ich vorsichtig die Fahrertür, um vom Erdboden einen kleineren Stein aufzuheben, den ich dann in Richtung des Löwen warf. Plötzlich sprang er mit einem riesigen Satz in meine Richtung, sodass ich fluchtartig das Weite suchen wollte. Aber da der Gang klemmte, hatte ich so schnell keine Chance wegzufahren. Also warf ich mich im Fahrzeug auf den Boden und hoffte, die Lage würde sich entspannen. Nach einer ganzen Weile lugte ich mit meinem Kopf vorsichtig wieder nach oben und sah, dass der Löwe nun direkt vor meinem Wagen stand und aufmerksam dem Brummen des Motors lauschte. Sie können sich nicht vorstellen, was in diesem Moment alles durch meinem Kopf schwirrte. Er könnte auf das Auto springen und das Dach eindrücken oder mit einem Prankenhieb eine Scheibe einschlagen oder das Auto umkippen. Aber nichts von dem geschah. So verging die Zeit des bangen Wartens, bis der Löwe zu seinem Platz trottete und sich wieder niederlegte. Langsam fuhr ich zurück und entfernte mich extrem vorsichtig aus der Gefahrenzone. Es war ein Glückstag. Mit einem Prankenhieb hätte er die Fahrzeugscheiben zerschlagen können und ...

Dass männliche Löwen unberechenbar sein können, erlebte ich zwei Jahre später in Namibia. Das Gelände war mit einem dicken Metallzaun umfriedet. Für Besucher war an einer Stelle zur Beobachtung der Fütterung eine Betonmauer mit einem Sichtschlitz erbaut worden. Obwohl um den Sichtschlitz eine zwei Meter breite Absperrung errichtet war, versuchten Menschen immer wieder die Absperrung zu überwinden und nach Möglichkeit ihren Kopf durch den Sehschlitz zu stecken. Als ich der Fütterung zugeschaut hatte, geriet eine junge Kanadierin zu nah mit dem Rücken an den Sehschlitz. Ein Löwe sprang aus dem Stand gegen die Betonmauer und mit seinen scharfen Krallen riss er der jungen Frau die Haut vom Rücken, sodass sie mit dem Hubschrauber in ein Krankenhaus geflogen werden musste.

Bei meinen Schlössern kristallisierte sich inzwischen heraus, dass nach 400 – 500 Kilometer, sich an einem kritischen Hebel im

Schloss-Grundkörper Staub anhäufte, der einen federbelasteten Hebel zu blockieren drohte. Dieser Hebel wirkte direkt auf die Sperrklinke beim Öffnen der Tür. So konnte es also passieren, dass ich trotz der Entriegelung des Schlosses von außen die Tür nicht öffnen konnte, weil der Hebel an der Anlagefläche der Sperrklinke ins Leere glitt.

Wie konnte ich jetzt dieses Problem, ohne auf hierfür nötige Maschinen oder Werkzeuge zurückgreifen zu können, lösen? Eine Komplettabdichtung des gesamten Schlossgehäuses erschien unmöglich, da viele Hebel im Schlossinnern von außen angesteuert werden und dafür Öffnungen in gewissen Maßtoleranzen vorhanden sein mussten.

Bei der Betrachtung der Türen zeigte sich, dass der Staub von außen über die Türfuge und das Schlossmaul in das Innere des Schlosses gelangte und sich an verwinkelten Stellen der Schlossabdeckungsform absetzte. Verstärkt wurde das durch den gegenüber der Türfuge höheren Unterdruck im Fahrzeug, was einem Kamineffekt gleichkam.

Also ließ ich alle Schlösser reinigen und begann mit der Beseitigung der verwinkelten Ecken in allen Schlossgehäusen durch das Auffüllung mit sogenanntem »Bärenkitt«, sodass sich dort kein Staub mehr festsetzen konnte und startete mit dem zweiten Straßenversuch.

Bei der ersten Kontrolle stellte ich bereits eine geringere Staubansammlung an den kritischen Stellen fest. Allerdings erreichte ich durch diese Änderung nur eine Verlängerung der Reichweite von 500 Kilometern auf 2 000 Kilometer, bis wieder die Funktionsfähigkeit des Hebels infrage gestellt war.

Also ließ ich die Schlösser wieder demontieren und gründlich reinigen, schnitt alle Kunststoffabdeckungen im kritischen Bereich frei, brachte eine Art Rutsche zur Vergrößerung des Luftdurchsatzes an und startete den dritten Versuch auf der Staubstrecke.

Wie sich bei meinen Fahrzeugkontrollen der nächsten Tage zeigte, waren meine Änderungen ein Erfolg. Deutlich war in den Schlössern zu erkennen, wie die Staubpartikel an den einzelnen Betätigungshebeln vorbeisausten, ohne sich auch nur ansatzweise im Schloss festzusetzen. Die Staubrutsche hatte also ihre Wirkung entfaltet und wurde später in die Serienfertigung übernommen.

Stellen Sie sich einmal vor, wir hätten Hunderttausende von Fahrzeugen ausgeliefert, bei denen nach geringen Laufzeiten die Türschlösser defekt gewesen wären. Oder bei einem Fahrzeugbrand hätte man die Fahrzeuginsassen nicht mehr rechtzeitig aus dem Fahrzeug bekommen. Daran könnte auch ein großes Automobilwerk zugrunde gehen. Rückholaktionen, gerade in den USA und Schadensersatzprozesse bei Todesfällen verschlingen leicht Hunderte von Millionen Euro.

Dazu durfte es nicht kommen. Also mussten wichtige Hebel zwangsgesteuert sein, sodass sie bei jedem Hub mitbewegt werden und sich nicht festsetzen *können*. Wäre hier dieser wichtige Schlossauslösehebel zwangsgesteuert gewesen, hätte dieses Problem nie bestanden, da bei jeder Betätigung die Staubanhäufung in diesen Bereichen durch den Hebel weggeschoben worden wäre.

An dieser Stelle muss ich von einem anderen Fall berichten, der sich an einem unserer neuen Modelle in Mexiko zugetragen hat.

Als ich einmal Mitte der 90er Jahre zufällig Zeuge bei einem Seitencrash wurde und danach die Tür offen stand, leitete ich gezielte Crash-Versuche ein, die alle das Gleiche bestätigten und mich zu raschem Handeln zwang. Denn dieses Modell stand kurz vor der Serienproduktion in Mexiko.

Also besorgte ich mir zwei Sätze Türen letzten Standes und ging damit auf die Schussanlage, auf der ich alle bei einem Seitencrash auftretenden Kräfte sowie Beschleunigungen simulieren konnte. Um die eventuelle Ursache des ungewollten Türenöffnens zu ermitteln, richtete ich zusätzlich auf die kritischen Stellen Hochgeschwindigkeitskameras. Die für das Türöffnen entscheidenden Bauteile stellte ich auf die im ungünstigsten Fall in der Großserie zu erreichenden Maße ein, damit ich schneller zum Ziel kam.

Bereits beim ersten Schuss mit 30 g (g = Erdbeschleunigung) wurde meine Vermutung bestätigt. Durch die große Masse des Türaußengriffs hob dieser von der Tür ab und zog am Schlossöffnungshebel, sodass sich die Tür bereits nach drei Millisekunden öffnete. Da ein Abbau der Griffmasse nicht mehr möglich war, blieb nur nach meinem Vorschlag die Integration einer Massensperre an der Griffmechanik.

Wegen der damaligen Überlastung unserer Abteilung und der gebotenen Eile wurde mit dieser Entwicklung eine nahe gelegene Consultingfirma beauftragt. Der Geschäftsführer dieser Firma stellte mir bereits eine Woche später eine gute Lösung vor. Er bekam auch den Zuschlag.

Nachdem die ersten werkzeuggefertigten Teile vorhanden waren, konnten aus Zeitgründen - und weil es sich nur um einen Zusatzhebel handelte -, keine großen Erprobungen mehr stattfinden. Also ging dieses Teil unmittelbar in Serie.

Bei einem Neuanlauf einer ausländischen Produktionsstätte müssen, bevor Fahrzeuge an Kunden ausgeliefert werden, zuerst Systemfüllungen erfolgen. Dazu gehören zig Fahrzeuge für die Presse und für die Händler, denen die neuen Modelle zur Beurteilung überlassen werden.

Als in unserem Werk in Mexiko, das auf einer Hochebene liegt, bereits 550 Fahrzeuge gebaut waren, ließen sich die Türen von außen trotz entriegelter Position nicht mehr öffnen. Als ich nach Mexiko gerufen wurde, stellte ich fest, dass gerade dieser Hebel, der das Türöffnen nach dem Seitencrash verhindern sollte, festgefroren war, sodass die Verbindung zum Schlossöffnungshebel unterbrochen wurde. Da der Vorstand von mir eine Sofortmaßnahme erwartete, ließ ich von allen fertigen Fahrzeugen diese Zusatzhebel demontieren. Jetzt war an erster Stelle die Funktions- und nicht die Crashsicherheit zu gewährleisten, da diese Autos ja nicht an Kunden gingen.

Als längerfristige Maßnahme entwickelte ich eine Mechanik unterhalb des Griffes, die bei jeder Griffbetätigung bewegt wurde und sich beim Festfrieren wieder losruckelte.

Da ich zu dieser Zeit viele Stauberprobungen in Alleinregie durchzuführen hatte, war das bei meinen nächsten Vorgesetzten, die gern mitgefahren wären, ein Dorn im Auge. Aber unser damaliger Entwicklungschef bestand darauf, dass ich das allein oder in Verbindung mit Fachbereichen erledigte. So hatte ich freie Hand bei der Planung und Vorbereitung. Auch nahm ich mir das Recht heraus, das Erprobungsland, die Anzahl der Fahrzeuge und die weiteren Teilnehmer zu bestimmen. Letztere wollte der

Meister bestimmen, was ich aber ablehnte. Der Grund ist einfach: Bei einer Erprobungsfahrt kommt es auf den Einsatzwillen und die Arbeitsqualität der Monteure an. Darauf musste ich mich hundertprozentig verlassen können, da unsere Ergebnisse nach der Rückkehr allseits kritisch in Augenschein genommen wurden.

Gegen meinen Willen musste ich einmal einen Monteur mitnehmen, der die primitivsten Fehler machte. So war ich gezwungen, alles nochmals zu kontrollieren. Um das auszuschließen, schloss ich künftig keine Kompromisse mehr.

Wegen diverser Fertigungsprobleme eines Zulieferers musste ich nach Mexiko reisen. Beim Einchecken in Hannover hatte ich neben meinen zwei Koffern und drei vollgepackten Aluminiumkisten noch einen Karton mit Kunststoffteilen dabei. Alles wurde ordnungsgemäß über Frankfurt nach Mexiko City eingecheckt. Als wir gelandet waren, vermisste mein Unterabteilungsleiter, seinen Koffer. Bei der Nachfrage am Verlustschalter stellte sich heraus, dass er den Koffer in Hannover überhaupt nicht aufgegeben hatte, sondern diesen vor dem Check in-Schalter stehen gelassen hatte. Jetzt hatte ich also eine Zeitverzögerung am Hals, weil Lufthansa diesen Koffer nachschicken musste - was mich doppelt ärgerte, denn eigentlich hätte der Unterabteilungsleiter bei dieser Reise nicht dabei sein müssen. Selbstverständlich verpassten wir den Anschlussflug nach Guadalajara.

Sie werden sich fragen, was meine Chefs übrigens ebenfalls hinterfragten, weshalb ich das viele Gepäck nicht mit einer Frachtmaschine vorausgeschickt hatte. Die Antwort war einfach: Nur so war gewährleistet, dass das Gepäck am Zielort mit mir eintreffen würde und ich gleich mit der Arbeit beginnen konnte.

Wie wichtig es ist, sich aufeinander verlassen zu können, zeigt auch das folgende Erlebnis im Januar 1997. Weil ich in Arizona sechs Fahrzeuge in einen Straßendauerlauf über 50 000 Kilometer eingesetzt hatte und nicht bis zum Ende der Tests vor Ort bleiben konnte, schickte ich nach zwei Wochen einen Monteur von mir mit Ersatzteilen allein dorthin. Er sollte an diesen Fahrzeugen einige Messungen sowie Reparaturen durchführen und danach bestimmte Teile ersetzen. Am Vorabend seines Abfluges verpackte ich alles für ihn sorgfältig in Aluminium-Kisten und verabschiedete ihn mit den Worten, dass er unbedingt alles zusammen in Hannover aufgeben müsse. Scherzhaft fügte ich

Übliches Reisegepäck vor einer Erprobung beim Einchecken am Airport Hannover.

noch hinzu, dass er selbst alle Kosten zu übernehmen hätte, wenn er das nicht so handhaben würde.

Nach sieben Tagen bekam ich jedoch einen Anruf, dass sein Reisevorschuss verbraucht wäre und ich ihm Geld schicken solle, weil sein Hotel ihn rausschmeißen würde. Auf meine Frage, wie weit er arbeitsmäßig sei, antwortete er, dass er noch nichts hätte machen können, da sein Gepäck noch nicht eingetroffen sei und er deshalb die Woche im Hotel hatte verbringen müssen. Sie können sich vorstellen, dass ich erst einmal vom Stuhl gerutscht bin.

Entgegen meiner Anweisung hatte er, weil er morgens verschlafen hatte, gerade noch seinen Flug in Hannover erreicht und das Gepäck nur den Bediensteten der Lufthansa zur Weiterbeförderung übergeben. So wurde das Gepäck auf andere Maschinen über New York und weitere Flughäfen mit hohen zusätzlichen Frachtkosten verteilt. Nach acht Tagen hatte er alle Gepäckstücke und konnte die ihm aufgetragenen Arbeiten erledigen.

Als meine Chefs davon erfuhren, war es meine Schuld. Angeblich hatte ich keine klaren Anweisungen gegeben. Darüber mit denen zu diskutieren, lohnte sich nicht. Das kostete nur Nerven. Für mich stand von da an fest, dass ich keinen Mann mehr allein schicken konnte.

Im Grunde waren die Reisen immer gut organisiert. Wenn man von einer Dienstreise wieder in Hannover landete, gab es eine Anlaufstelle, von der man einen Dienstwagen für die Heimreise erhielt, ohne noch lange bei einer Mietwagenstation warten zu müssen.

Wenn mein Gepäck mit meiner Maschine nicht mitkam, was oft auf langen Flügen mit Umsteigeverpflichtungen vorkam, schickte die Lufthansa mein Gepäck mit dem Taxi hinterher, ohne dass ich mich darum kümmern musste.

Diese Auto-Erprobungen unter Wärme- und Staubbelastungen waren durch nichts zu ersetzen. Trotzdem war meinen Vorgesetzten ein Dorn im Auge, dass ich laufend unterwegs war.

So kamen beide auf die Idee, in Verbindung mit dem Fraunhoferschen Institut, eine Staubkammer zu entwickeln, die meine vielen Staubversuche auf internationalen Straßen ersetzen sollten. Als ich davon hörte, konnte ich dieses Ansinnen nur als lächerlich bezeichnen. So kam es, dass irgendwann nach zwei Jahren Entwicklungszeit und hohen eigenen Entwicklungskosten dieser beiden Herren mit dem Institut ein riesiger Schrank für 200 000 DM angeliefert wurde und mit dem leider nichts anzufangen war. Dieses Ungetüm wurde nach Jahren, nachdem es in unserer Halle hin und her geschoben worden war, klammheimlich verschrottet.

Bestimmte Versuchsergebnisse können einfach nicht im Labor erzielt werden, da in Fahrzeugen bei Fahrt mit unterschiedlichen Geschwindigkeiten und auf Straßen mit unbefestigten Belägen viele Faktoren zusammenspielen, die sich einfach im Labor nicht imitieren lassen.

Ein anderes Mal wurde mein damaliger Unterabteilungsleiter, der die Kosten für die eben beschriebene unnütze Staubkammer zu verantworten hatte, nach Mexiko geschickt, um die Staubempfindlichkeit von Filtern zu untersuchen. Kaum war er vor Ort und hatte den ersten Test gemacht, fragte er telefonisch bei uns an, was er denn jetzt wie weiter machen solle und löste damit unter uns ein gehöriges Gelächter darüber aus, was für einen »Spezialisten« man losgeschickt hatte.

Für meine letzte Erprobung in Arizona 2002 hatte ich mir vorgenommen, mit einer gemieteten Harley für zwei Tage von Phoenix nach Las Vegas durchs Death Valley zu tuckeln. Die grenzenlose Freiheit in der Weite Amerikas einmal auf dem Motorrad an der frischen Luft zu spüren, war schon lange mein Wunsch. Das war ein gewaltiges Erlebnis und sein Geld wert.

18. Kapitel

Bereits damals fühlte ich mich in meiner Haut am Wohlsten, wenn keine unnütze Zeit durch Warten vertan wurde. Wenn ich in einer Sache wegen ausstehender Teile oder dem Fehlen von Ergebnissen anderer Abteilungen nicht vorankam, begann ich gleich dem nächsten Problem zu Leibe zu rücken.

Nun können Sie sich bei dieser Fülle von Teilen vorstellen, wie mein Büro, das ich im Frühjahr 1972 nach dem Umzug in ein neues Entwicklungszentrum mit weiteren sieben Kollegen teilte, ausgesehen hat. Bestimmte Teile musste ich für Besprechungen zur Hand haben oder zum Schlaumachen für meine Chefs, die wiederum ihren Bossen Bericht erstatten mussten.

Aufgrund meiner Erfahrung konnten erarbeitete Problemlösungen, ohne die Hardware vorzuzeigen, zu Missverständnissen führen, die im Nachhinein schwer auszuräumen waren. Deshalb hielt ich die Aufbewahrung des Korpus Deliktes im Büro zum Leidwesen meiner Kollegen für unverzichtbar. Außerdem war mir die Aufbewahrung im Lager zu unsicher, da bereits einige Typ-Prüfteile, die über fünf Jahre aufgehoben werden mussten, spurlos verschwunden waren und ich im Falle des Falles in Beweisnot gekommen wäre.

Hinzu kam, dass wegen neuentwickelter Modelle und permanenten Personalmangels an Ingenieuren sich Anfang der 90er Jahre viele Fehler an Fahrzeugen erst im Versuchsstadium eingeschlichen hatten, die unbedingt vor den bevorstehenden Serienanläufen abgearbeitet werden mussten und das ohne langes Suchen.

Unser Entwicklungschef hatte als Chef der Qualitätsleitung die vorher üblichen Kaufteilkontrollen abgeschafft und die Schieblehren verbannt. Als aber wieder eine hohe Fehlerquote auftrat, machte er das jetzt zur Chefsache.

Er führte in seiner Eigenschaft als Markenvorstandsvorsitzender einen sogenannten »Schadenstisch« ein, der jeden Montagmorgen acht Uhr in seiner Anwesenheit stattfand. Alle betreffenden Fachbereiche mussten über sämtliche aufgetretenen Fehler berichten. Dabei wollte er wissen, warum war der Fehler aufgetreten, welche Maßnahmen wurden eingeleitet und zu welchem Zeitpunkt die fehlerfrei erprobte Serienlösung zur Verfügung stehen würde. Alles wurde fein säuberlich von seinem Assistenten protokolliert und am nächsten Montag wieder abgefragt. Sobald unser Entwicklungschef bemerkte, dass jemand nicht ganz in der Sache durchblickte oder unzureichend informiert war, gab es ohne Ansehen der Person ein Donnerwetter, was ich mehrmals miterleben durfte - zum Glück nur als Unbeteiligter.

Man kann sich unschwer vorstellen, dass sich so mancher Phrasendrescher vor dem Montag fürchtete und bereits am Wochenende in Angstschweiß badete. Während gerade unsere kleineren Chefs in Besprechungen das große Sagen haben wollten, verkrochen sie sich bei diesen Veranstaltungen in die hinterste Reihe, um im Notfall die rettende Ausgangstür zu erreichen.

Dabei war die Angst unbegründet, wenn man seine erforderlichen Hausaufgaben gemacht und sich entsprechend vorbereitet hatte. So war es mein Bemühen, die aktuelle Tagesordnung bereits am Freitag vom Assistenten zu bekommen, damit ich meinen Hauptabteilungsleiter, der in der Regel die ihn betreffenden Punkte vertreten sollte, mit den erforderlichen Informationen versorgen konnte. Meistens bestellte er mich montags in sein Büro, um alle wesentlichen »Juckepunkte« durchzugehen.

So ist das in einem Mammutbetrieb, wo grundsätzlich bei Veranstaltungen die Hackordnung gilt. Aber wenn es brenzlig für die eigene Karriere werden könnte, schickt man die Kleinen nach vorn in die erste Reihe nach dem Motto: »Auch wenn die Schüsse von vorn kommen, stehe ich hinter Ihnen!«

Was mich bei den bisherigen Arbeitsabläufen störte, war, dass un-sere Versuchsabteilung bisher nur Befehls- oder Auftragsempfänger von anderen Abteilungen war und ohne Zustimmung des Auftraggebers nicht selbstständig agieren konnte. So wurden an uns schriftliche Versuchs-Arbeitsaufträge von der Konstruktion, der Planung, dem Labor und der Qualitätssicherung mit Terminen erstellt, die von uns zu bestätigen waren. Jeder Arbeitsauftrag musste mit einem Versuchsbericht vom Versuchsingenieur als Bearbeiter, vom Gruppenleiter, vom Abteilungsleiter, vom Hauptabteilungsleiter und vom Bereichsleiter unterschrieben werden. Dadurch kam es vor, dass der eigentliche Auftraggeber den organisatorisch korrekten Bericht erst Wochen später nach der Berichtsfertigstellung erhielt und entscheidende Änderungen erst dann eingearbeitet wurden oder sich das betroffene Problem manchmal schon von selbst erledigt hatte.

Nach und nach schaffte ich Vertrauen zu meinen Auftraggebern, durch deren frühe Einbindung in meine Versuchsarbeit. Dadurch gelang es, die Entwicklungszeiten wesentlich zu verkürzen. So wurden die gewonnenen Ergebnisse mit allen Beteiligten, einschließlich der Zulieferfirma, vor Ort diskutiert und Verbesserungsmaßnahmen eingeleitet, die gleich überprüft werden konnten.

Vollkommen bewusst war ich mir, dass alle Dinge meiner Aufgaben für das Fahrzeug wichtig waren. Da das mitunter die ersten Teile sind, mit denen der Kunde beim Fahrzeugkauf in Berührung kommt. Nach dem ersten Anblick des glänzenden Fahrzeugs geht er an eine der Autotüren, umfasst den Türgriff und öffnet diese. Dabei erwartet er ein leichtgängiges Öffnen, bis er bequem einsteigen kann, um dann die Tür von innen zu schließen. Dabei setzt er eine sichere Verriegelung durch das Türschloss während der Fahrt und Geräuschfreiheit voraus.

Während bei allen Fahrzeugen bisher die Türschlösser aus Drehfalle, Sperrklinke sowie Schließblech an der Säule bestanden und innen angeordnet waren, sollte die neue Fahrzeuggeneration außen platzierte Türschlösser erhalten. Diese mussten nach einem Unfall oder im Schadensfall leicht zu demontieren und zu montieren sein. Wie sich herausstellte, waren sie aber jetzt ungeschützt gegen Wasser, Staub, Schnee und Eis. Daher waren sie störanfälliger als die bisherigen innen liegenden Türschlösser. Da aber alles jetzt konzeptionell so ausgelegt war, galt es für mich, das Beste bis zum SOP (Serienstart) daraus zu machen.

Ein weiterer großer Nachteil war, dass die außen liegenden Türschlösser hauptsächlich im Winter mit aggressiven korrosionsfördernden Medien belastet wurden und deshalb nach relativ kurzer Zeit schwergängiger und hässlich anzusehen waren ... und wenig später funktionell versagten.

Wir wissen alle, dass bereits bei geringem Schneefall die Streufahrzeuge ausrückten und jede Menge Salz verstreuten, das den Schnee schnell in Schneematsch verwandelte. Die Straßen entwickelten sich dadurch zur Rutschpartie. Bis es sich aber bei uns, abgesehen von dem schädigenden Einfluss auf die Natur, durchsetzte, dass es sich gerade auf festgefahrener Schneedecke sicherer fahren lässt, vergingen noch etliche Jahre.

19. Kapitel

Anfang der 70er Jahre lastete auf allen Automobilherstellern enormer Kostendruck, dem unbedingt mit Kosten- und Gewichtseinsparungen am Produkt Rechnung getragen werden musste.

Während die Vorgängermodelle überwiegend Stangenbetätigungen zur Kraftübertragung hatten, sollte beim neuen Modell für die Schlossentriegelung und Schlosssicherung über den Türaußengriff ein Direkteingriff zum Tragen kommen. Das erforderte exaktere Türrohbaumaße. Allerdings standen mir für die entscheidenden Maßabstimmungen nur Prototypentüren aus Handfertigung der 1. Baustufe zur Verfügung, die von mir vorerst in den entsprechenden Bereichen auf Zeichnungsmaße gebracht werden mussten.

Des Weiteren war von unserer Designabteilung vorgegeben, dass nur geschlossene Türaußengriffe mit pistolenartiger Betätigungstaste zum Öffnen der Tür in Anwendung kommen sollten. Ich ahnte, dass es hier zu Schwierigkeiten bzgl. der Einhaltung der vorgegebenen Betätigungskräfte kommen würde. Denn Arbeit ist bekanntlich Kraft mal Weg. Wenn aber viel Weg durch die besagten Rohbauungenauigkeiten durch Spiel verschenkt wird, muss analog eine Menge Arbeit aufgebracht werden. Vom Kunden war das sicher nicht gewünscht, alles musste leichtgängig sein.

So galt es zum einen, geeignetere als bisher bekannte Materialien vorzusehen und zum andern ein System zu entwickeln, bei dem die auftretenden Reibungen reduziert wurden. Nach Möglichkeit musste durch die Schaffung von Einstellmöglichkeiten eines integrierten Toleranzausgleichs das Spiel in der Kraftübertragungskette auf 0 gehalten werden.

Als ich meine Vorstellungen einer Besprechungsrunde vorstellte, hagelte es gleich Proteste von den Planern. Erst waren es nur die höheren Kosten für die Einstellungen, die dagegen sprachen. Später wurden die Schwierigkeiten für die Monteure genannt, die diese Feinfühligkeit nicht schaffen würden. Überall traf ich auf Widerstand, den es zu überwinden galt.

Und so knöpfte ich mir in den nächsten Wochen alle erforderlichen Leute nochmals einzeln vor und begründete mein System mit den tagtäglich bereits auftretenden Fehlern, welche die Qualität für die Kunden ohne mein System der Toleranzeinstellung verschlechterte. Um aber alle diese erforderlichen Dinge abzuarbeiten, wäre es erforderlich gewesen, eine genügende Anzahl von Erprobungsträgern zur Verfügung zu haben, was leider nicht der Fall war.

Hätten die Projektleute bereits bei den Bestellungen der Fahrzeugprototypen einen Überblick über diese Arbeiten gehabt oder einmal vorher mit den Fachabteilungen Rücksprache gehalten, wäre ich besser bedient worden. Keiner wollte sich in die Nesseln setzen.

Gleiches galt für die Befestigung des Türaußengriffes am Türaußenblech, das im Laufe der Jahre auf 0,6 mm in der Dicke, hauptsächlich wegen des Gewichts, reduziert wurde. Da aber die Lage des Türaußengriffes zum Türschloss hinsichtlich der Funktion und der Betätigungskräfte von entscheidender Bedeutung ist, musste ich jahrelang darum kämpfen, unterhalb des Türaußengriffes innen einen Lagerbügel anzubringen. Der würde der Rohbauabhängigkeit die Schärfe nehmen und sich auf eine individuelle Schlosslage einrichten lassen.

Während früher neben den beanstandeten Schwierigkeiten beim Türöffnen auch für die Fahrzeuginsassen bedrohliche Situationen entstanden (z. B. wenn sich bei einem Unfall die Türen von innen nicht öffnen ließen), waren diese Probleme nach Einführung der Lagerbügel beseitigt. Die geringen Mehrkosten standen in keinem Verhältnis zu dem hohen Nutzen. Für diese Neuerung musste ich im Vorfeld auf Biegen und Brechen streiten, um mich durchzusetzen.

Grundsätzlich verschoben sich die Prioritäten weg von Funktionalität und Sicherheit, hin zu »Showroom« oder »Design«. Wichtige technische Erkenntnisse wurden schubladisiert. Also musste ich meine Untersuchungen den Gegebenheiten anpassen und trotzdem alles termingerecht ins Lot bringen.

Eine weitere Schwierigkeit war die Erstellung von Unteraufträgen an die eigene Werkstatt, das Labor, die eigene und externe Messtechnik, den Windkanal, die Fahrzeug-Sicherheitsabteilung oder den Versuchsbau, der die eigentlichen Prüfmuster zu erstellen hatte. Mit der Arbeit, gemäß den Aufträgen, wurde erst begonnen, wenn die laut Organisationsanweisung, vorgeschriebenen Unterschriften vorhanden waren. Wenn ich nicht laufend dagegen verstoßen und diese nicht mit i. A. in den entsprechenden Spalten unterschrieben hätte, wäre ich am Jüngsten Tag noch nicht am Ziel gewesen.

Wir Versuchsingenieure dienten in den ersten Jahren nur als Befehlsempfänger unserer Herren Konstrukteure oder Planern, von denen es einige verstanden, dies bis zum Exzess auszukosten. So wurden wir zu wichtigen Besprechungen mit Design, den Planern, mit Laborsachbearbeitern oder mit Lieferfirmen nicht eingeladen. Dabei hätten wir wertvolle Impulse für den Entwicklungsfortgang geben können.

Stattdessen ließen uns die Konstrukteure oft im Dunkeln tappen und am laufenden Projekt weiter arbeiten, obwohl bereits von »Oben« die Einstellung des Projekts entschieden war.

Ob das nun Bösartigkeit oder nur Schludrigkeit war, vermag ich heute nicht mehr zu sagen. Meistens konnte ich aber von Bösartigkeit ausgehen. Denn nichts wurde bei uns schlimmer befürchtet, als dass einem Kollegen ein Karrieresprung gelang und man selbst das Nachsehen hatte.

Deshalb entschloss ich mich, dieser unbefriedigenden Arbeitsweise ein Ende zu setzen.

So nahm ich eigenmächtig zu allen beteiligten Stellen Kontakt auf und erfuhr somit die wichtigen Besprechungstermine, um dann daran manchmal zur Überraschung der Gesprächseinladenden teilzunehmen.

Gerade deshalb nahm ich mir dann öfter das Recht heraus, wichtige Besprechungen gleich bei mir vor Ort abzuhalten. Die Zulieferer profitierten davon, weil sie an Teilen, die sie fallweise selbst mitentwickelten, im Falle von Beanstandungen gleich Abhilfe schaffen konnten.

In unserem Zentrallabor wurde nur nach Auftrag ohne Einbringung eigener Ideen gearbeitet. Da aber dort keiner diesen Kampf wie wir in der Entwicklung aufnehmen wollte, wurde auch bis zu meinem Ausscheiden im September 2003 immer nach gleichem Muster als Muschkoten gearbeitet.

Da ich für die Festigkeit der Frontdeckel, Türen und Heckklappen zuständig war und da die Stahlbleche immer dünner wurden, mussten die dadurch verschlechterten Werte durch andere Maßnahmen wie Sicken in der Außenhaut und Scharnier- sowie Schlossträgerversteifungen kompensiert werden.

Bevor allerdings eine Änderung jeder sichtbaren Kante von außen angedacht wurde, musste vorher das O. K. der zuständigen Designer eingeholt werden. Das war manchmal schwierig, zumal die Designer die volle Rückendeckung des Vorstandes genossen. Sie ließen sich nicht davon abbringen, auch wenn von mir bei Ablehnung auf die Möglichkeit hoher Garantieleistungen hingewiesen wurde. Bei striktem »Nein« des Designers mussten andere, unter Umständen teurere Lösungen gefunden werden oder ich erzwang eine Vorstandsentscheidung.

Wo Menschen arbeiten, werden Fehler gemacht. Nur sollte man möglichst vermeiden, den gleichen Fehler zu wiederholen.

Gleich zu Beginn meiner selbstständigen Bearbeitung des mir zugeteilten Fachbereiches unterlief mir ein folgenschwerer Fehler, der nie hätte passieren dürfen. Immerhin war er spektakulär. Vor den Augen einiger Hauptabteilungsleiter verarbeitete ich vier handgefertigte Prototypentüren zu Schrott

Die an mich gestellte Aufgabe war folgende: An vier Rohbautüren war zu untersuchen, ob die Türsteifigkeiten bei statischer Überdrückung der Tür in Öffnungsrichtung mit verkürzten Scharnierträgern in den Türen ausreichend waren.

Sinn dieser wichtigen Festigkeitsprüfung war, Schäden am Fahrzeug zu verhindern, wenn die Tür gleich nach dem Öffnen von einem Windstoß erfasst und diese in Öffnungsrichtung mit voller Wucht gegen den Türfeststeller geschlagen wird. Als Entwicklungsforderung durften sich dabei keine Verformungen oder Beschädigungen zeigen, die dann außerdem noch Funktionsstörungen wichtiger Türeinbauteile zur Folge gehabt hätten.

Eine weitere Notwendigkeit für diesen Test war, dass häufig Fahrer(innen) von Großkunden, wie zum Beispiel der Post, die Tür schon öffneten, bevor das Fahrzeug stand. Durch das starke Abbremsen wurde die Tür dann mit voller Wucht in Öffnungsrichtung gegen den Türanschlag geschlagen. Während diese enorme Belastung damals als außergewöhnlich und unnormal angesehen wurde, verlangte die Post diese Prüfung, die sofort in das Programm aufgenommen und als »Posttest« deklariert wurde. Von nun an mussten alle künftigen Modelle, die ausgeliefert wurden, diese Prüfung bestehen.

So erstellte ich einen Versuchsaufbau, bei dem ich exakt die Türen in Stufen mit definierter Kraft statisch überdrücken konnte, um dann jeweils die Gesamt- und die bleibenden Verformungen zu ermitteln. Durch meine Übereifrigkeit und der Wichtigkeit dieser Messung für weitere Entscheidungen vergaß ich, die entsprechenden Türen mit den Türfeststellern zu versehen, die fünf Winkelgrade vor den Scharnieranschlägen zur Begrenzung des Türöffnungswinkels wirken sollten. Durch meine Messungen wurden also nur die Verformungen im Scharnierbereich und nicht die am gesamten Scharnierträger gemessen.

Da mir dieser Fehler noch monatelang vorgehalten wurde, wollte ich derartiges künftig ausschließen. Also verlangte ich künftig zur Absicherung vor Beginn derartiger Messungen alle entsprechenden Zeichnungsunterlagen und die Anlieferung der in dem Zusammenhang zu beurteilenden Bauteile.

Wie mir von Kundendienstberatern vor Ort häufig erzählt wurde, beschwerten sich viele Käufer von Neuwagen über Beulen an der Motorhaube im vorderen Bereich. Um die Ursache zu erforschen, beobachtete ich an den Montagebändern und im privaten Bereich, wie die Motorhauben geschlossen werden. Ich ließ in die Betriebsanleitungen schreiben, dass die Motorhaube aus 20 cm Höhe in das Schloss fallen gelassen werden muss - nur es brachte nichts. Von den meisten Kunden wurde die Haube sanft auf das Schloss gelegt, um dann von Hand bis zur Schlosseinrastung nachzudrücken. So entstanden natürlich diese unschönen Beulen trotz ein Millimeter Blechdicke.

Da aber bei dem neuen Modell die Blechdicke der Motorhaube aus Kostengründen und wegen des Gewichts auf 0,7 mm reduziert werden sollte, führte ich zu allererst Grundsatzuntersuchungen an Prüfkörpern mit verschiedenen Verstärkungen zur Erhöhung der Beulsteifigkeit durch. Hervorragende Ergebnisse erzielte ich mit Teilen, die in diesen kritischen Bereichen ausgeschäumt wurden. Obwohl bei diesen Versuchen und an der Freigabeentscheidung auch das Labor und die Prozessabteilung beteiligt waren, stellte sich nach drei Jahren heraus, dass gerade durch diese Ausschäumung des vorderen Schlossquerträgers am Außenblech erhöhte Korrosion auftrat. Das hatte zur Folge, dass ein Hochfliegen der vorderen Haube bei Fahrt nicht ausgeschlossen werden konnte, da gerade in diesem Bereich das Schlossoberteil mitsamt Fanghaken angeordnet war. Das veranlasste mich Mitte der 70er, auf einen ausreichenden Korrosionsschutz zu achten. Gleichzeitig stellte ich Überlegungen an, wie die Funktionalität verbessert werden konnte.

Als Ersatz für den Schaum schlug ich dann in diesem Griffbereich eine quer laufende Sicke vor, die unsere Designer natürlich als gravierenden Stilbruch erst einmal ablehnten. Da diese Lösung aber alternativlos war, musste dann als Schiedsrichter der Entwicklungschef entscheiden, der sich zu meiner Freude diesmal gegen die Designer entschied.

Es kam hin und wieder auch bei Fahrzeugen von Mitbewerbern vor, dass sich Motorhauben durch unsachgemäße Bedienung oder wegen der Korrosion während der Fahrt verselbstständigten und hochschlugen. Das konnte zu schweren Unfällen führen. Da kam mir als sicherste und kostengünstige Abhilfe die Idee, damals ein Fronthaubenschloss mit zwangsgeführtem Fanghaken zu entwickeln. Denn der damals vorgesehene Fanghaken erschien mir zu unsicher und hätte teure Rückholaktionen mit Imageverlust auslösen können. Eine Zwangsführung deshalb, weil auch die Lagerung des Fanghakens erhöhter Korrosion ausgesetzt war und im Notfall versagen konnte. Ein weiterer Vorteil der Zwangsführung war, dass bei jeder Haubenbetätigung der Fanghaken automatisch betätigt wurde und dieser somit nicht Festrosten konnte. Diese dann vom Unternehmen später zum Patent angemeldete Lösung hat sich bestens bewährt und ist heute in fast allen Fahrzeugen technischer Standard.

20. Kapitel

Als ich in diesem Unternehmen als Versuchsingenieur anfing, hatten alle Fahrzeugmodelle in der Tür angeordnete Türschlösser, die danach, wegen der besseren Zugänglichkeit und kostengünstigerer Austauschbarkeit, durch außen liegende abgelöst wurden. Die Nachteile waren aber wegen erhöhter Belastung durch Staub und Witterungseinflüsse wesentlich größer. Deshalb entschied sich unser damaliger Entwicklungsvorstand, für die neue Fahrzeuggeneration wieder auf innen liegende Schlösser umzusteigen.

Um Kosten zu senken und die Qualität zu verbessern, wurden alle Mitarbeiter aufgerufen, sich neben ihren Tätigkeiten über Verbesserungsvorschläge Gedanken zu machen. Eigens dafür wurde eine Abteilung »Vorschlagswesen« geschaffen. Hier konnte jeder seine Idee, die auf einem vorgefertigten Vordruck einzutragen war, abgeben. Wurde die Idee verwirklicht, winkten Prämien.

Dank der Gewerkschaft IG Metall wurde die Prämienberechtigung zwischen Lohnarbeitern und Angestellten so definiert, dass Lohnmitarbeiter generell prämienberechtigt waren und Angestellte nur, wenn ihre direkte Arbeitszuständigkeit von dem Vorschlag nicht betroffen war.

Das führte dann häufig dazu, dass gute Vorschläge von Angestellten aus dem jeweiligen Arbeitsbereich über befreundete Lohnmitarbeiter oder Bekannte eingereicht wurden, um trotzdem die Prämie zu kassieren.

Wie viele »Freundschaften« gingen durch diese Praxis zu Bruch, weil derjenige, der seinen Namen für den Vorschlag hergegeben hatte, sich nach der Auszahlung nicht mehr an den »Erfinder« erinnerte.

Zu diesem Zeitpunkt erfolgte die Lohnauszahlung noch im Betrieb, und zwar in den sogenannten »Affenkäfigen«. Eine meiner ersten Verbesserungsideen war, eine eigene Bank für Kunden und Mitarbeiter zu gründen. Der Einfall kam mir, weil in dieser Zeit gerade die Umstellung von Barauszahlung der Löhne und Gehälter auf Kontoüberweisung umgestellt wurde. Schon allein von diesem Zahlungverkehr hätte die Firma partizipiert. Aber dieser Vorschlag wurde mit der Begründung abgelehnt, dass man sich nur auf die Autoproduktion konzentrieren wolle und Bankgeschäfte zu weit führen würden.

Wenn man den heutigen Finanzsektor innerhalb der Automobilproduzenten betrachtet, war meine Idee der Zeit einfach zu weit voraus. Auf die hohen Gewinnmargen, die noch einiges zu den Unternehmensgewinnen beigesteuert hätten, waren die Zuständigen anscheinend noch nicht vorbereitet.

Da ich auch für die Montage der Türen zuständig war, stellte ich an älteren Fahrzeugen fest, dass die damals zwischen Tür und Feststeller montierte Gummiabdichtung Nachteile hatte. Sie streifte das wichtige Fett der Haltestange ab und dadurch entstanden Geräusche und Schwergängigkeit. Also war die Konsequenz, an einigen eingesetzten Versuchsfahrzeugen, die über 100 000 Kilometer im Dauerlauf eingesetzt waren, diese Dichtung einfach wegfallen zu lassen, um die Funktion dieser Teile in regelmäßigen Abständen zu beobachten. Und siehe da, die bisherigen Mängel traten nicht mehr auf.

Da das allerdings mein ureigenstes Aufgabengebiet war, ging ich freudig zu meinen Konstruktionspartnern, um das positive Ergebnis dort zu präsentieren und um den Entfall dieser unnützen Dichtung über Erstellung eines Änderungsantrages einzuleiten.

Was mich ärgerte war, dass keiner meiner Konstruktionspartner es für möglich hielt, dass diese »auf dem Papier doch so wichtige Abdichtung« überflüssig war.

Ich ließ keine Ruhe und so zog sich das Ganze über Wochen und Monate. Keiner wollte etwas davon wissen, bis mir der Kragen platzte und ich daraus selbst einen Verbesserungsvorschlag mit dem Namen eines damaligen Werkstattgruppenführers im Lohnbereich einreichte, um endlich der Qualitätsverschlechterung und Geldverschwendung mit diesem Teil ein Ende zu setzen.

Es vergingen zwölf Wochen, bis wir eine Ablehnung bekamen. Daraufhin reichte ich wieder unter seinem Namen einen ausführlich begründeten Ablehnungseinspruch ein. So wiederholte sich das noch drei Mal, bis der Vorschlag nach acht Monaten angenommen und in die Serienproduktion gebracht wurde. Während mein Namensgeber mir gegenüber eine ausgezahlte Prämie von 3000 DM nannte, konnte ich später den Akten entnehmen, dass damals 84 000 DM an ihn ausbezahlt worden sind. Dieses Geld hätten meine Konstruktionspartner dem Unternehmen bei verantwortlichem Handeln und früherer Entscheidung ersparen können - und mir die Enttäuschung und den Ärger.

Von da an reichte ich alle meine Verbesserungsvorschläge unter meinem eigenen Namen ein, um nach der Verwirklichung meines Vorschlages statt einer Prämie wenigstens einen Händedruck einzuheimsen.

Die Bearbeitung von Vorschlägen erfolgte meistens in der technischen Entwicklung, die dafür eigens eine Abteilung geschaffen hatte, in der aber junge Mitarbeiter ohne technisches Wissen eingesetzt waren. So ergab es sich, dass diese Leute in die einzelnen Fachabteilungen gehen mussten, um sich die für die Bearbeitung notwendigen Informationen zu holen. Da alle Ingenieure der Fachabteilungen mit Entwicklungsarbeiten neuer Fahrzeuge zugeschüttet waren, konnte man sich für das Schlaumachen dieser Leute wenig Zeit nehmen.

Viele dieser Verbesserungsvorschläge kamen aus unserem Bereich, und zwar von Kollegen, die sich oft Verbesserungsideen von mir oder von anderen Kollegen abguckten, um sie zu Geld zu machen. Ein weiteres Handicap für Verbesserungsvorschläge war, dass sie ewig unterwegs waren, oft in die falsche Abteilung gelangten, zum Teil verloren gingen oder von Ignoranten gar nicht erst bearbeitet wurden. Auf diese Weise ging so manche effiziente Idee unter. Viele Kollegen und ich verzichteten auf Einsprüche und resignierten.

Ein großes Problem für alle Automobilhersteller ist das korrekte Einstellen von Türen und Klappen an den Fertigbändern, da die Befestigungselemente der Tür- und Klappenschließbügel nur in Offenstellung zugänglich sind. Es entstehen hohe Zeitkosten bei der Montage, die durch mehrmaliges Verstellen der Schließbügel verursacht werden. Vielfach kommt es dabei zu Lack- und Teileschäden, da oft aus Bequemlichkeit das Richten der Schließbügel an lackierten Fahrzeugen mit einem Hammer durchgeführt wurde. Zahlreiche Kunden beschwerten sich über störende Geräusche im Türbereich. Das war die Folge der

Hammerschläge.

So inspizierte ich einige beanstandete Fahrzeuge und stellte fest, dass sich auch die vernieteten Bügel am Schließbügel infolge der Hammerschläge gelockert hatten. Das Corpus Delicti legte ich dem Produktionsleiter vor. Er musste nichts sagen, die Einkerbungen der Hammerschläge sprachen Bände.

Es war nur der sprichwörtliche Punkt auf dem i, als wir bei einem unangemeldeten Besuch am Montageband Zeugen des »Hammerwerkes« wurden. Das anschließende Hammerverbot durch den Produktionsleiter wurde jedoch nie eingehalten.

Um Kosten einzusparen und die Qualität der Tür- und Heckklappeneinstellung zu verbessern, entwickelte ich eine Markierungsvorrichtung. Damit war es möglich, an den Säulen die genauen Stellen für die Befestigung zu kennzeichnen. Denn die Drehfalle umfasste den Bügel und man brauchte nur diesen Drehfallenbereich auf die Säule projizieren.

Jetzt konnte der Monteur bei geöffneter Tür bzw. Klappe anhand der Markierung den Schließbügel montieren und die Befestigungsschrauben mit dem vorgegebenen Zeichnungs-Anzugsmoment versehen (ein System ähnlich dem Drehmomentschlüssel beim Anziehen des Zylindferkopfes).

Ich versuchte alles Mögliche, um die Planung, die Produktion und meine Vorgesetzten von dieser Idee zu überzeugen. Da mich aber alle über Monate hängen ließen und sich nichts tat, machte ich bei dem damaligen Produktionsvorstand einen Termin. Hier fand ich den richtigen Zuhörer und bereits nach 15 Minuten wurde mir zusagt, einen Produktionsversuch an zehn Fahrzeugen zu unterstützen. Doch leider schied er aus dem Unternehmen aus und verstarb, bevor mein Vorschlag umgesetzt wurde.

Jetzt sah ich keine Chance mehr, dies auf normalem Dienstweg umzusetzen. Also schickte ich einen Verbesserungsvorschlag an das Ideenmanagement, der mittlerweile fünf Mal von diversen Fachbereichen abgelehnt wurde. Aber ich konnte den Begründungen entnehmen, dass mein Vorschlag von den zuständigen »Fachleuten« nicht einmal ansatzweise kapiert wurde. Letztlich half alles nichts.

Inkompetenz, Ignorantentum und Neider verhinderten letztlich die Umsetzung. Wenn diese Leute alles so beherrschen würden wie das Intrigieren, dann wären sie nobelpreisverdächtig. Bis heute, also Mitte 2011, hat sich nichts zum Besseren gewendet. VW ist ein Wunder - mag sein. Das tatsächliche Wunder jedoch ist, dass es VW nicht wegen, sondern trotz seiner Führung noch gibt!

Es ist mir eine Genugtuung, dass ein anderes großes Automobilwerk meine Idee inzwischen aufgegriffen hat und seit einem Jahr mit Erfolg auf der Grundlage meines Vorschlages auf diese Weise die Schließbügel montiert.

Bei meinen bisher eingereichten 354 Verbesserungsvorschlägen, von denen sich viele in barer Münze ausgezahlt hatten, merkte ich oft, dass bei schwierigerem Sachverhalt leichtfertig Ablehnungen ohne persönliche Rücksprachen ausgesprochen wurden. Einfach, weil kompetente Leute zur richtigen Bewertung bzw. Einschätzung fehlten. So wurden Ideengeber verprellt, die sich aus Verärgerung nie wieder an Verbesserungsvorschlägen beteiligten. Ein Vorschlag von mir wurde nur abgelehnt, weil der Fachbegutachter nachweislich zu bequem war, sich die Neuerung am Fahrzeug anzusehen.

Ferner stellte ich bei der Vorschlagsbearbeitung einiger Kollegen in meinem Bereich fest, dass oft nicht nur der Inhalt des Vorschlages zur Ablehnung führte, sondern der Name des Einreichers. Es wurde bei dem Kollegen solange nach einer Ablehnungsbegründung gesucht, bis sie gefunden und dem Einsender mitgeteilt werden konnte.

Mit vielen Verbesserungsvorschlägen ging man sehr merkwürdig um. Für viele benötigte man oft für die Bearbeitung Jahre, bis man feststellte, dass der Vorschlag inzwischen gar nicht mehr aktuell war oder es verschwanden Vorschläge komplett zwischen Vorschlagswesen und Bearbeitern. Das dämpfte die Begeisterung der Ideengeber drastisch.

Im Gegensatz dazu, wurden Vorschläge von Mitarbeitern aus den eigenen Abteilungen mit hohen Geldbeträgen prämiert, obwohl diese Kollegen nur ihre Arbeit erledigten und dafür ihren Lohn oder ihr Gehalt vom Unternehmen bekamen.

Jetzt erst wieder wurde über so ein Ereignis in unserem portugiesischen Werk berichtet. Dort wurde ein Mitarbeiter mit hoher Prämie belohnt, weil er vorschlug, mittels

Zwischenschaltung einer Zeituhr die Anlage für die Hallenbelüftung nur während der Arbeitszeit laufen zu lassen. Dadurch ließen sich pro Jahr 1 700 Megawattstunden Strom einsparen. Wenn ich Chef gewesen wäre, hätte ich erst einmal den dortigen Hallenleiter rausgeschmissen, wenn er die Anlage in arbeitsfreier Zeit laufen ließ.

... allerdings könnte man auch den Verdacht haben, dass extra auf diesen Vorschlag hingearbeitet wurde. Anders kann ich mir eine solche Verschwendung einfach nicht vorstellen.

21. Kapitel

Jeder der heute auf den Straßen unterwegs ist, wird den häufigen Modellwechsel in den letzten Jahren festgestellt haben. Aufgrund des technischen Fortschritts, des zunehmenden Umweltbewusstseins, der gestiegenen Auflagen und nicht zuletzt wegen des Kaufverhaltens war das eine zwangsläufige Folge. Während früher sieben Jahre Entwicklungszeit für ein komplett neues Modell benötigt wurden, so sind es heute nur noch zwei bis zweieinhalb Jahre.

Als ich 1969 meinen Dienst in der technischen Entwicklung als Versuchsingenieur antrat, wimmelte es in allen Büros nur so von riesigen Zeichenmaschinen. An denen zeichneten die Konstrukteure oder Planer jedes Detail und auch den Zusammenbau - jeweils in drei Ansichten mit Schnitten - von Hand, erst mit Bleistift und dann mit Skriptolfarbe, fein säuberlich auf Pergamentpapier. Jede Änderung musste korrekt mit der Rasierklinge vorgenommen und jede spätere Veränderung rechts unten auf der Zeichnung lückenlos dokumentiert werden. Nach der Zeichnungsfertigstellung und der Zeichnungsgenehmigung durch den Entwicklungsleiter erfolgte anschließend das aufwendige Kopieren und Verteilen an alle Fachbereiche sowie auch an die Zulieferanten dieser Teile.

Wurde danach eine Änderung nötig, ging das gleiche Spiel von vorn los, wobei es dann auch passierte, dass einige Stellen diese Änderung nicht bekamen und sich Fehler einschlichen. Nur so war es zu erklären, dass unser damaliges Brot und Butter-Auto, das sich millionenfach weltweiter Beliebtheit erfreute, auf der rechten Seite 4,7 mm länger war, als auf der linken Seite. Was niemandem auffiel, weil alle Teile der Nachbarschaft auf diese Differenz abgestimmt wurden. Früher hieß es, das Auto wurde auf Umschlag gefertigt. Zusätzlich waren Fehler durch unsaubere Zeichenstriche von meist 0,1-0,2 mm nicht auszuschließen, die sich natürlich bei größeren Teilen zigfach addierten und somit analog die endgültige zulässige Toleranzsituation sprengten.

Durch die Computertechnologie und deren Zeichenprogramme ist alles gegenüber damals ein Klacks geworden. So lassen sich nach Zeichnungsfertigstellung im 3D-Verfahren auf dem Monitor Denkfehler bei der Konstruktion erkennen, die in null Komma nix ausgebügelt werden können. Durch die elektronische Datenübermittlung erfolgen in sekundenschnelle die Verteilungen an die in der ganzen Welt verteilten Fachbereiche und, wenn nötig, an die Zulieferer, die heute global angesiedelt sind.

Mittlerweile sind alle platzraubenden Zeichenmaschinen aus den Büros verschwunden und auf dem Schrott gelandet. Eine kleinere davon konnte ich für meine damals Architektur studierende Tochter retten. Sie hängt sehr daran und das Ding hat heute einen Ehrenplatz in ihrem Arbeitszimmer.

Warum müssen heute in so kurzer Folge neue Modelle auf den Markt kommen? Die Antwort ist einfach. Früher begnügten sich unsere Kunden mit kleineren äußerlichen Änderungen, wie leicht geänderte Stoßfänger, vergrößerte Scheinwerfer oder Rücklichter. Da das Geld damals knapper war, blieben auch die Fahrzeugpreise im Rahmen.

Heute reicht das den Autoliebhabern nicht mehr. Bei den gestiegenen Einkommen konnten die Autopreise wesentlich ansteigen und blieben u. a. durch neue Finanzierungsmodelle für die Masse erschwinglich.

Während der Umweltschutz in den Vordergrund rückte und die damit verbundene Klimaerwärmung in aller Munde war, konnte meine Firma sich durch die Entwicklung eines 3-Liter-Autos mit geringer Emission ins Rampenlicht rücken. Kein Mensch spricht davon, dass deren Produktion wegen abnehmender Verkaufszahlen eingestellt werden musste. Da braucht man sich nur die schweren Dienstlimousinen anschauen, mit denen die Politiker ständig unterwegs sind.

Die These sollte also lauten: Bevor ich Umweltschutz von anderen verlange, sollte ich erstmal mich fragen, was ich selbst beitragen kann und vor allem will!

Gerade diese Politiker fordern heute die Elektro-Mobilität, die aber in der Fertigung erhebliche Emissionen freisetzt und auch Nachteile wie Kosten, Reichweite und Abschwächung des Fahrvergnügens für die Kunden bedeutet. Hier muss bezweifelt werden, dass künftig die Fuhrparks des Bundestags, der EU-Kommission oder des EU-Parlaments mit derartigen Fahrzeugen bestückt werden.

Wenn also ein neues Modell auf den Markt gekommen ist, beginnen im Vertrieb und in der technischen Entwicklung bereits Überlegungen, was als Nächstes zu kommen hat. Dazu werden Teams gebildet, die Kunden- und Händlerbefragungen durchführen und die Berichte in den Medien über die laufenden Modelle studieren. Außerdem musste ich beabsichtigte Änderungen von gesetzlichen Vorgaben in Erfahrung bringen.

Hinzu kam für mich auch die Erstellung eines Lastenheftes für das geplante Modell, in dem die technische Fahrzeugbeschreibung festgehalten wurde. Schlussendlich war auch der sogenannte Zeitgeist zu erforschen.

Nach der Genehmigung des Lastenheftes durch den Vorstand begann die Vorentwicklung anhand von entsprechend geänderten Aggregateträgern. Das waren im Detail umgebaute Serienfahrzeuge, die für Prinzipversuche im Windkanal, in Klimakammern oder auf der Straße genutzt wurden. Die Erstellung von kostenintensiven Prototypen konnte erst beginnen, wenn über das äußere Fahrzeug-Design, was natürlich mit das Wichtigste am Auto ist, endgültig entschieden wurde.

Leider hatte es zu meiner Zeit mit rechtzeitigen Festlegungen immer gehapert, sodass durch die späten Entscheidungen des Designs der sich anschließende umfangreiche Entwicklungsprozess immer zur Einhaltung des Markteinführungstermins beschleunigte und man sich deshalb keine zusätzlichen Fehler erlauben konnte. Nebenbei waren massenhafte Überstunden, welche die Entwicklungskosten in die Höhe trieben, vorprogrammiert.

Trotzdem kann ich heute sagen, dass es damals nie »*Pfusch*« gegeben hat. Für jedes neu entwickelte Teil wurde eine entsprechende Lebensdauerprüfung durchgeführt. Für manche sicherheitsrelevanten Teile darüber hinaus bis zu deren Bruch, um den Sicherheitsfaktor zu ermitteln. Für jedes Teil erfolgte nach erfolgreichem Testdurchlauf einer Mindestanzahl von Prüflingen, eine schriftliche Freigabe und, wenn es sich um Kaufteile handelte, eine schriftliche Baumustergenehmigung für den Lieferanten. Sollte unser Einkauf später weitere Lieferanten auswählen, wurde eine erneute Baumusterprüfung zwingend fällig. Es war damit sichergestellt, dass kein Teil ohne Freigabe in die Fahrzeuge gelangte.

So streng wie bei uns die Kontrollen gehandhabt wurden, war es nicht bei allen Wettbewerbern. So mietete ich oft bei meinen Erprobungsfahrten in Ländern mit extremen Erprobungsverhältnissen Vergleichsfahrzeuge anderer Hersteller an. Das Ergebnis war, dass ich kein Verständnis für die Beanstandundungslisten der Motorpresse aufbringen konnte. Durch die direkten Vergleiche war mir absolut unverständlich, warum unser Unternehmen immer nur einen Mittelplatz belegte, während japanische oder koreanische Fahrzeuge, die man oft nur von Kunden testen ließ, am Besten abschnitten. Irgendwo musste da der Wurm drin sein. Ich tippe auf Bestechung? Anders konnte ich mir das nicht erklären.

Parallel zur Absolvierung unseres Entwicklungsprogramms beschäftigten sich selbstverständlich schon die Planer mit der Erstellung der Serienwerkzeugsätze und der Festlegung der Produktionsstätte für das neue Modell. Ausschlaggebend war dabei auch die Kalkulation der Fertigungskosten sowie die einzelne derzeitige Auslastung unserer Produktionsstätten. Es lag in der Natur der Sache, dass Überlegungen dahin gingen, möglichst preiswert zu produzieren, um möglichst vorzeitig die Gewinnschwelle zu erreichen.

Am Ende einer Fahrzeugentwicklung stand in den letzten Jahren meiner Betriebszugehörigkeit immer die persönliche Abnahme eines jeden Modells durch unseren damaligen obersten Chef mit seinen Vorstandskollegen. Kein Fahrzeug erhielt das O. K. für die Serienfertigung, wenn noch Problempunkte, die sich auf dem abschließenden 100 000-Kilometer-Testlauf noch gezeigt hatten, offen waren.

Der Kaufpreis unserer Fahrzeuge war durch diesen Aufwand höher. Doch die Langlebigkeit und der gegenüber anderen

Herstellern höhere Wiederverkaufspreis glichen das aus. Somit konnten wir ein bisschen stolz sein auf unsere Fahrzeuge, die uns oft förmlich vom Band gerissen wurden.

Traten bei Versuchsfahrten plötzlich größere Probleme zu Hauf auf, mussten in kurzer Zeit tragbare, kostengünstige, improvisierte Lösungen oft erst am Modell erarbeitet werden.

Die Entscheidungen von Designern sind in der Automobilbranche (und vermutlich auch anderswo) sakrosant. Und das fängt bereits bei der »Zeugung« eines Modells an - gegessen und gekauft wird nun einmal mit dem Auge. Also beginnt der Kampf bereits im Entstehungsprozess. Technisch unabdingbare Teile oder physikalische Gesetze scheinen diese Freaks wenig zu interessieren und so können diese Dinge manchmal nur mit Brachialgewalt gelöst werden.

Während der Konstrukteur sich in der Entwicklung dadurch auszeichnet, für das Unternehmen billige Lösungen zu erarbeiten, steht bei dem Versuchsingenieur mehr die qualitativ bessere und für den Kunden zuverlässigere Variante im Vordergrund.

Obwohl beide das gleiche Ziel verfolgen, entstand ein nervenaufreibender Wettbewerb zwischen beiden um die bessere Lösung, über die dann später in jedem Fall auch nach Möglichkeit ein breiter Konsens erzielt werden musste.

Häufig entstanden beim Auftreten von massiven Problemen Lösungen, die es in der Fachwelt noch nicht gab und die deshalb patentwürdig waren.

Grundlage für die Patentanmeldung durch einen Arbeitnehmer ist das Arbeitnehmer-Erfindungsgesetz, welches den Arbeitnehmer in jedem Fall verpflichtet, seine Erfindung nur über seinen Arbeitgeber anzumelden.

Dieser muss nach Einreichung der Patentanmeldung innerhalb von drei Monaten dem Erfinder mitteilen, ob er davon beschränkt oder unbeschränkt Gebrauch macht oder er seinem Arbeitnehmer seine Erfindung zur Selbstanmeldung freigibt.

Im Falle einer beschränkten oder unbeschränkten Nutzung der Erfindung ist der Arbeitgeber gesetzlich verpflichtet, seinem Arbeitnehmer als eigentlichen Erfinder innerhalb eines festgelegten kurzen Zeitrahmens eine angemessene

Erfindungsvergütung zu zahlen.

Des Weiteren ist der Arbeitgeber bei einer wirtschaftlichen Verwendung dieser Arbeitnehmererfindung verpflichtet, seinen Arbeitnehmer davon in Kenntnis zu setzen.

Im Produktentstehungskreis meines Betriebes wurde Mitte 1995 für eine neu auf den Markt kommende Fahrzeuggeneration entschieden, ein neues Türschloss zu entwickeln, das aus einem Basisteil für einfache Modelle und mittels mitzuentwickelnder angeflanschter Module für Luxusvarianten bestehen sollte. Dazu sollten zählen: elektrische Schließ- und Öffnungshilfe, Zentralverriegelung, Diebstahlsicherung mit Einbruchschutz und integrierte Mikroschalter für Innenraum- und Außenbeleuchtung. Ferner sollten mit diesem Schloss um 33 % höhere Festigkeitswerte erzielt werden und es würde mit diesem Schloss, nach Wunsch des Vorstandes, ein Zaubertrick gelingen: Es sollte billiger als das Vorgängermodell werden.

Um Fertigungskosten an dieser Schlossgeneration einzusparen, was aufgrund gestiegener Rohstoffpreise und gestiegener Lohnkosten nicht ohne Weiteres zu schaffen war, entwickelte unsere Konstruktionsabteilung 1995 ein Konzerneinheitstürschloss für die neue Fahrzeuggeneration. Dieses hatte im Gegensatz zu den bisherigen Türschlössern, eine unten liegende Drehfalle, die durch die darüber angeordnete Sperrklinke - nun vom Türaußengriff aus - direkt angesteuert werden konnte.

Deshalb waren nun zwei Kraftübertragungshebel überflüssig geworden. Natürlich war ich bei den Entwicklungsgesprächen eingebunden und trug meine Bedenken vor, die gegen eine unten angeordnete Drehfalle sprachen. In erster Linie hatte ich aber nur Festigkeits- und Funktionsbedenken, weil die schwere Tür sich jetzt vertikal auf dem Schlossfanglager abstützte, was aus meiner Sicht zur Schlossbeschädigung und zu Funktionsausfällen führen könnte. Meine Konstrukteure nahmen das zur Kenntnis, sie waren von ihrem Konzept aber so überzeugt, dass sie unbeirrt weiterentwickelten. Es war aber in diesem Konstruktionsstadium bei einem Blick auf die Zeichnungen unmöglich, die Entstehung von Geräuschen zu erkennen. Da bei einer Neuentwicklung von Fahrzeugmodellen aus Zeit- und Kostengründen alles parallel laufen musste, war es nach dem Vorhandensein erster Teile - die vorerst noch von Hand gearbeitet wurden - meistens schon zu spät, das Schlosskonzept nochmals zu ändern.

Während Versuche mit Handmustern positiv verliefen, stellte ich bei Erprobungsfahrten mit diesen Türschlössern unter extremer Belastung unangenehme Knarzgeräusche im Türschlossbereich fest.

Wie von mir damals ermittelt, standen diese Geräusche gerade im Zusammenhang mit der unten gelagerten Drehfalle und wurden durch den Kontakt des Schließbügels mit dem Kunststofffanglager des Schlosses verursacht. Bei Staubbeaufschlagung im Türschlossbereich verstärkten sich diese Geräusche zunehmend. Deutlich traten sie beim Anfahren und Abbremsen und beim Befahren von Kurven auf.

Diese Geräusche waren dermaßen störend, dass mein Chef sich zu dem ärgerlichen Ausspruch hinreißen ließ, dass diese Fahrzeuge mit den Geräuschen unverkäuflich seien und alle Fachleute sich damit beschäftigen sollten, das Problem abzustellen.

Also wurde ich beauftragt, umgehend Lösungen zu entwickeln, die trotz des bevorstehenden Produktionsstarts schnell ohne Kosten in die Serienproduktion einfließen sollten.

Also trommelte ich alle Zulieferer in Verbindung mit Labor und Qualitätssicherung zusammen. Als Erstes leitete ich unzählige Änderungen der entsprechenden Werkzeugpaarungen ein. Die wurden dann in Südafrika, Arizona und der Türkei bezüglich der Wirkung auf die Geräuschentstehung untersucht. Das geschah meistens mit fünf Fahrzeugen, die bei extremer Wärme auf Staubstrecken über 20 000 Kilometer eingesetzt wurden. Monteure zum Wechseln der Teile nahm ich mit.

Die Fahrer, die für dieses Problem ein ausgeklügeltes Prüfprogramm mit Vorgabe der Fahrgeschwindigkeiten, des Be- und Entlüftungsstandes im Fahrzeug und zwischenzeitliche Verschleißtests im Stand absolvieren mussten, besorgte ich mir vor Ort.

Leider brachten alle Versuche mit den zuerst naheliegenden Änderungen von Materialpaarungen keine Verbesserungen.

Während ich abends über Lösungsmöglichkeiten nachdachte und mir klar war, dass dieses Problem bei den bisher verwendeten

Türschlossvarianten nie aufgetreten war, beschloss ich, bei dem entsprechenden Entwicklungslieferanten Musterschlösser in Handfertigung nach meiner Vorstellung zu bestellen. Bei diesen waren die Sperrteile im Schloss wieder um 180° gedreht. Nach meiner Einschätzung lag dann das schwere Türgewicht nicht auf dem Schlossfanglager auf, sondern wurde über die bewegbare Drehfalle abgefangen. Damit musste nach meiner Überzeugung das lästige Abreißgeräusch zwischen Fanglager und Schließbügel beseitigt sein.

Da ich diese Variante bereits früher in Gespräche eingebracht hatte, wusste ich, dass keiner meiner Vorgesetzten oder Konstruktionspartner etwas davon wissen wollte.

Nach kurzer Zeit übergab mir der Geschäftsführer dieses Lieferanten diese Musterteile, sodass ich damit den nächsten Test vorbereiten konnte.

Allein die Lieferung verschiedener Teile für dringend benötigte Muster stellte ein Problem dar. Nachdem ich mehrfach reingefallen war und manchmal tagelang im Werk die teuer gefertigten Musterteile für dringende Erprobungen aufspüren musste, ging ich dazu über, mir die Teile an meine Privatanschrift senden zu lassen. Das klappte immer. Ein Päckchen aus München war innerhalb eines Tages bei uns im Werk, ABER dann landete es in der Poststelle und konnte für die restlichen 500 Meter schon einmal eine Woche benötigen! So aber bekam ich die Sendung am nächsten Tag und konnte gleich mit der Erprobung beginnen. Manche Firmen weigerten sich aber, aus welchen Gründen auch immer, das so zu handhaben. Sie setzten stattdessen lieber auf teuere Sonderfahrten mit dem Taxi und veranlassten den Fahrer, das Paket im Werk mir persönlich zu übergeben. Meistens übergaben es diese Fahrer dem diensthabenden Werkschutz und hofften ... leider vergeblich.

Der Werkschutz gab das Paket offiziell an den Wareneingang in irgendeiner Halle und weg war es. So kam es auch vor, dass Musterschlösser von 10 000 DM pro Stück direkt in die Produktion gingen und dort an Serienwagen auf Nimmerwiedersehen verschwanden.

Doch zurück zum eigentlichen Problem. Ein Lichtblick in der Wüste Arizonas. Erfreulicherweise zeichnete sich bereits nach dem Erreichen der ersten 5000 Kilometer an allen fünf eingesetzten Fahrzeugen ab, dass bis dahin an keiner Tür das lästige Knarzen zu hören war. Endlich ein voller Erfolg, den ich natürlich sogleich meinen Chefs übermittelte.

Da sich der Entwicklungschef zum Besuch in Arizona angemeldet hatte, bereitete ich sorgfältig meine Ergebnispräsentation für diesen Herren mit allen technischen Unterlagen vor. Vorsichtshalber brachte ich zuvor telefonisch bei dem Entwicklungslieferanten in Erfahrung, was das für Änderungskosten und welche Anlaufverschiebung das zur Folge gehabt hätte.

Doch zu meiner Überraschung kam alles enttäuschend anders. Der Konstruktionschef hatte bereits auf Betreiben meiner lieben Konstruktionskollegen meinen Entwicklungschef bearbeitet, dass trotz der guten Ergebnisse beim Umschwenken auf meine Idee erhebliche Nachteile entstehen würden. Somit stand ich wieder mit dem Geräuschproblem allein da und versuchte nun neue Wege zu gehen.

Also operierte ich weiter aufwendig mit geringfügigen Maß- Material- und Formänderungen an diesen Teilen, sodass wieder Monate ohne durchschlagende befriedigende Erfolge auf weiteren Versuchsfahrten vertrödelt wurden.

Als ich anlässlich einer Konzernabnahmefahrt auf einer geheimen, im Jargon »Türkeistation« genannt, Station war, wurde ich beim Eintreffen mit den übelsten Beschimpfungen zum Beispiel als Knarz-Rudi empfangen.

Denen würde ich es zeigen! Mir kam abends im Hotelzimmer, während alle anderen unten lautstark Party machten, die zündende Idee. Ich würde in das Fanglager eine Metallflachfeder aus Niroblech integrieren, die die Abreißgeräusche zwischen Türschließbügel und der oberen Fanglagerfläche aus Kunststoff verhindern konnte. Bisher konnte sich der runde Türschließbügel unter der Türlast punktförmig in den Kunststoff einarbeiten und bei einer Bewegung der Tür das Abreißgeräusch entstehen lassen. Nach meiner Überlegung konnte die punktförmige Einarbeitung in den Kunststoff durch das in diesem Bereich angeordnete Niroblech verhindert werden. Denn bei der auftretenden Relativbewegung würde sich nun nicht mehr der Schließbügel auf dem Kunststoff verschieben, sondern das flächige Niroblech auf dem Kunststoff.

Da ich auf dieser Station über das notwendige Material nicht verfügte, flog ich schnell nach Hause, besorgte mir dünnwandige Nirobleche und rüstete noch abends zu Hause die vorderen Türschlösser meines Privatwagens entsprechend damit um. Vorsichtshalber hatte ich in einem kleinen Glas den kritischen Staub gleich mitgebracht und konnte die vorderen Türschlösser damit bestauben. Während ich im Werk jeden Neu- oder Altwagen nach der Staubberieselung des Schlossfanglagers zum »Knarzen« brachte, blieb mein Privatwagen knarzfrei.

Weitere Türschlösser änderte ich dann am nächsten Tag in der Betriebswerkstatt, um diese am übernächsten Tag als Handmuster wieder mitzunehmen.

Damit niemand von dem dortigen Stammpersonal etwas bemerkte, rüstete ich heimlich zwei weitere Dauerfahrzeuge damit aus und testete diese die nächsten Tage allein über mehrere 100 Kilometer. Natürlich auf Staubstrecken, weil ich dort am schnellsten ermitteln konnte, was diese Maßnahme brachte. Zu meiner Freude war es ein voller Erfolg.

Vorsichtshalber hatte ich ausreichend Material mitgenommen und konnte vor Ort nun noch zehn weitere im Dauertest eingesetzte Fahrzeuge damit ausrüsten. Natürlich blickten mir einige über die Schulter und wollten wissen, was ich dort täte. Es war ein gravierender Fehler anderen von meiner Idee zu erzählen. Denn kaum war ich wieder zu Hause, wurden bei zwei der von mir umgerüsteten Fahrzeuge überraschenderweise wieder Knarzgeräusche gemeldet, was mir gar nicht behagte.

Ich machte mich wieder auf den Weg, der Ursache dieser Geräusche nachzugehen. Und siehe da, es hatte jemand mit einem Schraubenzieher in das Fanglagermaul gestochert und die gebogene Flachbettklammer nach innen deformiert, sodass der Schließbügel wieder zur Anlage an dem Fanglager kam und die Geräusche auftraten. Wie es schien, wollte man mir den Erfolg nicht gönnen.

Um die bisherigen Ergebnisse auf breitere Basis zu stellen und Manipulationen möglichst zu vermeiden, beauftragte ich einen Schlosslieferanten, eine Serie von Türschlössern anzufertigen. Damit konnte ich eine größere Zahl von Fahrzeugen testen.

Erfreulicherweise waren diese Geräusche bis zu meiner Abreise, nach zehn Tagen, nicht mehr zu hören.

Bevor ich die Heimreise antrat, musste ich noch andere Kollegen einweihen, da die Fahrzeuge weiter im Dauerlauf über drei Schichten bis zum Erreichen von 100 000 Kilometern eingesetzt wurden.

Als ich wieder in meinem Büro war, erreichte mich die Meldung, dass trotz der neuen Maßnahme an einem Fahrzeug wieder das Geräusch auftrat. Das bedeutet eine neuerliche Rückkehr, um zu eruieren, ob etwas manipuliert war oder ob es sich tatsächlich um ein Problem handelte. Für möglich hielt ich inzwischen alles - Missgunst und Neid waren hartnäckige Eigenschaften, das hatte ich bereits mehrmals erfahren.

Wegen dieser Vorfälle überzeugte ich meinen Bereichsleiter, eine eigene Erprobung durchzuführen. Nachdem die Reise genehmigt war, die zu erprobenden Fahrzeuge und die Teilnehmer feststanden, musste ich einen Teil der Organisation delegieren.

Dazu gehörten im Wesentlichen folgende Dinge:

- Montage der Versuchsteile in die Fahrzeuge
- Überprüfung aller Einbauteile nach Zeichnungsstand
- Kontrolle der Schraubenanzugsmomente
- Messungen der Funktionskräfte- oder Momente
- Tankentleerungen vor Interkontinentalflügen
- Zusammenstellungen von Ersatzteilen nach meiner Liste
- Zusammenstellungen von Versuchsteilen nach meiner Liste
- Zusammenstellungen von Werkzeugen und Hilfsmateriaien
- Beschaffung von leichten Transportkisten
- Anfertigung von Holzkisten in der werkseigenen Zimmerei für Karosserieteile

Andere Dinge konnte ich einfach nicht abgeben, zuviel hing davon ab und hätte den Erfolg der Unternehmung beeinträchtigen können - die Schuldfrage, würde etwas schief laufen, war erfahrungsgemäß immer schnell beantwortet.

Also machte ich mich mit folgenden Stichpunkten als Volage ans »Werk«:

- Vorbereitung der Papiere für die Abnahme der zu verschickenden oder mitzunehmenden Ersatzteile, Versuchsteile, Hilfsmaterialien und Werkzeuge durch die Zollbehörde.
- Vorbereitung der Fahrzeugtransporte per Schiff- oder Luftfracht
- Einholung der Gesundheitsschutzrichtlinien für alle Reiseteilnehmer, respektive erforderlicher Impfungen und Verhaltensweisen in Gebieten mit extremen Witterungen
- Verpackung aller vom Zoll abgenommenen Teile und Werkzeuge in leichten abschließbaren Aluminium-Kisten.
- Einholung von Informationen der an der Reise unbeteiligten Kollegen der eigenen und angrenzenden Fachabteilungen, was während der Erprobung mit zu beurteilen wäre bzw. mit welchen Störungen unter Extrembedingungen zu rechnen wäre.
- Überprüfung von absolvierten Fahr-Sicherheitstrainings der Reiseteilnehmer bei Prototypenerprobung gemäß Vorstandsanweisung.
- Beschaffung von Transportfahrzeugen für die Reiseteilnehmer zum Flughafen.
- Beschaffung von Reisevorschüssen und Devisen für die Reiseteilnehmer
- Erstellung von Torpässen für die Werksausfahrt der Reiseteilnehmer
- Erstellung von Materialentnahmescheinen für die Werksausfahrt
- Bei einer Prototypenerprobung die nochmalige Überprüfung aller Dinge hinsichtlich der Geheimhaltungsbestimmungen

Wenn Sie das alles lesen, stellen sie sich wahrscheinlich die Frage, ob dieser Aufwand noch gerechtfertigt ist. Die Antwort ist ein deutliches Ja. Kunden erwarten von einem Auto, dass es auch unter strengsten Bedingungen eine Laufleistung von mindestens 100 000 Kilometern bringt und eine Lebensdauer von 10 Jahren hat.

Auch die Flüge buchte ich selbst, da ich mit den Pfennigfuchsern vom werkseigenen Reisebüro Erfahrung hatte. Die wollten bei den Kosten glänzen und buchten das Billigste ohne Berücksichtigung der Nachteile.

Bei der Ankunft in Los Angeles gab es Schwierigkeiten wegen der zahlreichen Gepäckstücke. Der Chef der Flugvorfeldkontrolle, der für die Gepäckentladung der Maschinen verantwortlich war, wurde sofort pampig. Er erklärte barsch, dass einzelne Gepäckstücke nicht schwerer als 25 kg sein dürften und die meinen das dreifache Gewicht gehabt hätten. Ich machte auf unwissend und freundlich - letztlich ging alles glatt.

Einmal konnte ich aus Zeitgründen meine Reiseplanungen im Herbst 1995 nicht selbst erledigen. So buchte mich unser Reisebüro auf Britisch Airways über London nach San Francisco. Beim Einchecken in Hannover mit vier Gepäckwagen und ca. 220 kg Übergepäck, lehnte es die Fluggesellschaft ab, mein ungewöhnliches Reisegepäck mit dieser Linienmaschine zu befördern. Sie boten mir gegen Zahlung von 980 USD an, alles mit einer Frachtmaschine nachzuschicken. Da mir nichts anderes übrig blieb, willigte ich ein. Das Ergebnis war, dass ich in SFO vier Tage in einem Hotel untätig warten musste, bis endlich mein Gepäck daherkam.

22. Kapitel

Das alles änderte sich jedoch am 11. September 2001 schlagartig, als Terroristen in New York mit gekaperten Passagiermaschinen in die Twin Towers krachten und etwa 3000 Menschen den Tod fanden.

Da ich am nächsten Tag in die USA fliegen wollte, besuchte mich um 16:00 Uhr noch ein damaliger früherer Bekannter, der mir ein Paket für seinen Sohn zum Mitnehmen übergeben wollte.

Wie ich den 11. September 2001 erlebte und was sich danach änderte, schildere ich nachfolgend. Meine Kommentare zum 10. Jahrestag der Terroranschläge am 11. 9. 2011 wurden in einigen Zeitungen veröffentlicht.

Da ich für den 12. 9. 2001 einen Flug von Hannover über Frankfurt nach Los Angeles gebucht hatte, machte ich gegen 16:00 Uhr am 11. 9. 2001 Arbeitsschluss und hörte im Autoradio die Meldungen aus New York und damit auch, dass sämtliche Flüge in die USA bis auf Weiteres eingestellt seien.

Somit wurde ich auf die erste Maschine in die USA für den 17. 9. 2001 umgebucht. Da ich an diesem Tag mit neun schwereren Gepäckstücken wie üblich in Hannover einchecken wollte, lehnte Lufthansa diesmal das Durchchecken bis zur »final Destination« ab. Also durfte ich in Frankfurt den ganzen Kladeratsch wieder in Empfang nehmen und alles einzeln durch die Sicherheitskontrollen bringen. Wie ein Packesel kam ich mir vor und gedauert hat es ewig.

Obwohl dieser Flug in 12 000 Meter Höhe ohne besondere Turbulenzen verlief, war ich diesmal - und sicher viele andere Passagiere auch - nach der Landung erleichtert.

Was muss in den Köpfen der Menschen, die in den gekaperten Flugzeugen saßen und dabei umkamen, vorgegangen sein?

Das friedliche World Trade Center vor den Terroranschlägen. 3 Monate zuvor war ich noch oben

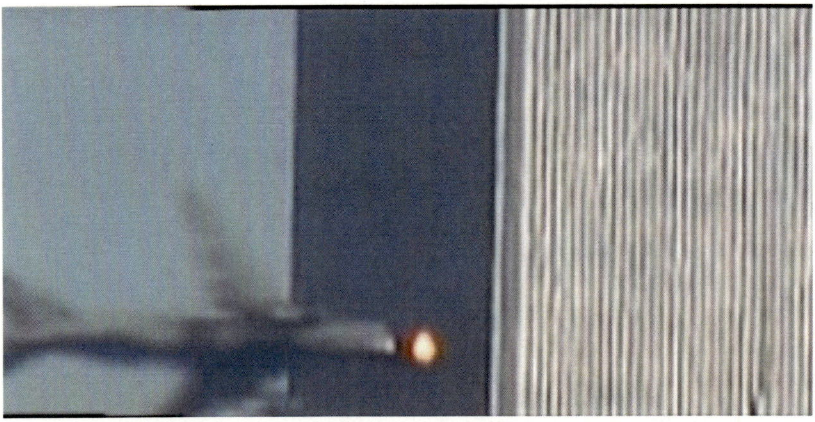

Terroristen kapern am 11. 9. 2001 das Flugzeug UA 175 und steuern es in das World Trade Center in New York

Am 5.5.2011 besuchte Präsident Obama die Gedenkstätte am World Trade Center. Direkt neben mir in der Menschenmenge machte ein Mann plötzlich verdächtige Handbewegungen. Mit Hechtsprüngen über das Absperrgitter warfen sich sogleich zwei Polizisten auf ihn und rissen ihn zu Boden. Mehrere Polizisten hielten ihn mit entsicherten großkalibrigen Pistolen in Schach, bis seine Kleidung durchsucht und er in Handschellen abgeführt wurde

23. Kapitel

In Arbeitskreissitzungen mit anderen Automobilherstellern bekam ich ebenfalls oft mit, dass bei uns gründlicher erprobt wird, als allgemein üblich.

Aber glauben Sie mir. Heute, nach jahrzehntelanger Erfahrung, kann ich sagen, dass sich eine gründliche Erprobung aller Systeme am Fahrzeug in jedem Fall rentiert. Allerdings interessiert das den Kunden bei seiner Kaufentscheidung nicht. Wenn er aber sein Auto mehrere Jahre fahren will, wird er die Qualität seines Autos zu schätzen wissen. Auch der Wiederkaufswert spielt eine Rolle.

Während Kunden bei der Konkurrenz - ohne ihr Wissen - als Testpersonen eingesetzt wurden, gab es bei uns erst einen Produktionsstart, wenn die Konzernabnahmefahrt von mindestens 10 Fahrzeugen über je 100 000 Kilometer absolviert war.

Das kostet natürlich viel Geld, nützt aber dem Kunden und seiner Sicherheit.

Hier muss erwähnt werden, dass wir von der technischen Entwicklung uns auch viel Mühe gegeben haben, mit der Auswahl geeigneter Zulieferer. Natürlich kann ein Automobilhersteller nicht alles selbst produzieren und entwickeln. Dafür braucht man zuverlässige und erfahrene Partner.

Trotzdem mussten wir feststellen, dass sich unser Einkauf bereits auf Entwicklungslieferanten festgelegt hatte. Aber eine Entwicklung mit dem Nachweis einer angemessenen Prozesssicherheit in der Fertigung gab es nicht. Wenn ich dann später diese Firma entsprechend unserer Vorgaben zu Nachbesserungen aufforderte, musste ich oft feststellen, dass sie dafür ungeeignet war. Natürlich legten alle Zulieferer großen Wert auf die Entwicklung ihrer später zu fertigenden Teile, weil sie bereits im Entwicklungsstadium zusammen mit uns Wettbewerbsvorteile hinsichtlich Materialauswahl und Fertigung erhielten. Nur dafür mussten wir oft diese Firma auf unser Anforderungsprofil trimmen, was für uns Zeitverschwendung war.

So zeigte die Erfahrung, dass ich wesentlich effektiver und

schneller mit kleineren Firmen arbeiten konnte. Dort lief fast alles auf Vertrauensbasis, das Wort reichte in vielen Fällen und ersetzte langwierigen Papierkrieg. Natürlich entwickelten sich aufgrund jahrelanger Zusammenarbeit auch Freundschaften. Man unternahm Privates gemeinsam, auch um in aller Ruhe - ohne Bürogeklüngel - technische Dinge, die gerade anstanden, zu besprechen. Derartiges ist in der schnelllebigen Wirtschaft allgemein üblich und hat keinen »anrüchigen Beigeschmack«.

Als wir mit den Schlosslieferanten nicht mehr zufrieden waren und ohnehin die Entwicklung einer neuen Schlossgeneration anstand, lud uns eine amerikanische Firma ein, ihre Entwicklungen und Schlossproduktionen in Frankreich und England zu besuchen. Also flogen wir gemeinsam mit unserem Entwicklungschef an einem Freitag im Dezember 1991 nach Straßburg und noch nachmittags nach Birmingham, wo wir begeistert waren, wie hier nach unseren Vorstellungen entwickelt und produziert wurde. Anlässlich der abschließenden Gespräche in Birmingham, an denen auch die amerikanischen und deutschen Geschäftsführer teilnahmen, mieteten sie extra für uns das dortige Automobilmuseum und servierten dort in diesem Ambiente ein umfangreiches Abendessen. Als wir am nächsten Morgen unseren Rückflug antreten wollten, sahen wir, dass über Nacht eine 20 cm dicke Schneedecke vom Himmel gefallen war. Birmingham war lahmgelegt. Stündlich riefen unsere Piloten, die mit uns im Hotel wohnten beim Flughafen an, wie die Lage wäre. Aber nichts tat sich, sodass wir bis nächsten Nachmittag warten mussten. Am Flughafen bot sich uns kein schöner Anblick. Unsere Maschine war komplett von Schnee umlagert, den die Schneepflüge aus unverständlichen Gründen dort zusammengeschoben hatten. Da gingen unserem Piloten die Nerven durch und er startete den Jet, um ihn aus eigener Kraft zu befreien. Doch zu allem Unglück verbog er durch diesen Gewaltakt die Aufhängung des Bugrades, sodass nun auch noch eine Reparatur anstand.

Nachdem wir uns dann noch Schaufeln besorgt hatten, konnten wir die Maschine vom Schnee befreien und endlich in Richtung Heimat starten. Wie ich später erfuhr, stürzte gerade diese Maschine, eine 2-strahlige Falcon 900 mit genau diesem Piloten sechs Monate später auf geheimer Mission bei einem Flug nach Kanada in Grönland ab.

Weil ich mittlerweile Schlosspapst genannt wurde und es in

Deutschland nicht viele kompetente Zulieferer von Tür-, Front- und Heckschlössern gab, wurde ich damit beauftragt, mir auch Schlossfirmen in Frankreich, Brasilien, Mexiko und Kanada anzuschauen. Obwohl das alles gestandene Firmen waren, die seit Jahren ihre Produkte an unsere Automobilwettbewerber lieferten, musste ich häufig feststellen, dass oft einfachste Anforderungen nicht erfüllt wurden.

So ist es für uns eine Selbstverständlichkeit, dass grundsätzlich die Sperrteile und Funktionsflächen an einzelnen Hebeln im Schloss fein gestanzt sein müssen und diese empfindlichen Stellen besonders gegen Korrosion zu schützen sind. Weiterhin müssen Stanzgrat und Materialquetschungen im Trommelverfahren entfernt werden. Auch war die notwendige und seit Jahren in Deutschland gängige thermische Entgratung von Kleinteilen bei diesen Firmen nirgends vorzufinden. So kann natürlich auch billiger produziert werden. Auch fehlten die 100 %-Prüfkontrollen am Ende des Produktionsablaufs, wie wir es grundsätzlich zur Sicherheit verlangen.

Abschließend versprachen alle, schon angesichts der zu erwartenden Stückzahlen, sich zu verbessern - was ich allerdings nicht für bare Münze nahm.

Ausnahmen machten später eine Schlossfirma in Kanada und eine in Frankreich, die auch erst wochenlang auf unser Qualitätsniveau getrimmt werden mussten.

Gerade weil ich als Schlosspapst bekannt war, ließ mich mein Bereichsleiter eines Tages zu sich rufen. Er bat mich, mir doch einmal darüber Gedanken zu machen, wie Kindersitze auch von technisch unbegabten Eltern sicher angebracht werden könnten.

Zu damaliger Zeit waren gerade die 3-Punkt-Sicherheitsgurte für Erwachsene ausgereift. Wer damals Kinder sicher im Auto befestigen wollte, hatte schon seine erheblichen Schwierigkeiten damit, da beim Crash auf jeden Fall die Gurte eng am Körper anliegen müssen. Allein das Tragen dickerer Jacken birgt schon ein hohes Risiko.

Als ich meinem Abteilungsleiter von dem an mich gestellten Auftrag erzählte, wollte er, dass ich nichts unternehme, da das seiner Meinung nach nicht unsere Aufgabe wäre.

Aber ich ließ mich, da ich in der Pflicht unseres gemeinsamen

Bereichsleiters stand, nicht beirren und besorgte mir Kindersitze, um eine Basis für die Befestigung eines Verriegelungssystems zu schaffen. Wegen erheblicher Differenzen bei den Maßen der Sitze, entschied ich mich für einen Verriegelungsbeschlag, der an dem jeweiligen Kindersitz befestigt wurde und an der zwei längere verstellbare Schienen mit dem Arretierungsmechanismus für das Eingriffen in die Sitze hineinragten. Das hatte den Vorteil, dass ich jetzt nur noch an den Fahrzeugen zwischen Sitzbank und Rückenlehne die entsprechenden Drahtösen anbringen musste, an denen der Kindersitz einrastete.

Für die ersten notwendigen Crashversuche rüstete ich drei Fahrzeuge mit diesem System aus und ließ sie unter Einstellung aller vorgegebenen Parameter gegen die Wand fahren. Da keines dieser Systeme versagte, fand ich in der Firma Isofix in der Nähe von Ulm einen kompetenten Partner. Mit dieser Firma entwickelte ich mein System weiter, sodass es in Serie gehen konnte. Heute nutzen dieses System fast alle namhaften Hersteller von Automobilen mit großem Erfolg.

Ein Highlight für uns Autoentwickler war die internationale Automobilausstellung in Frankfurt und die jährliche Ausstellung in Genf. Hier präsentierten die meisten Firmen, die mit dem Auto etwas zu tun hatten, ihre neuesten Entwicklungen, Materialien oder Fertigungsverfahren. Von 1969 bis in die Gegenwart besuchte ich jede Messe und traf dabei auf bekannte Gesichter, mit denen ich gerne zusammenarbeitete.

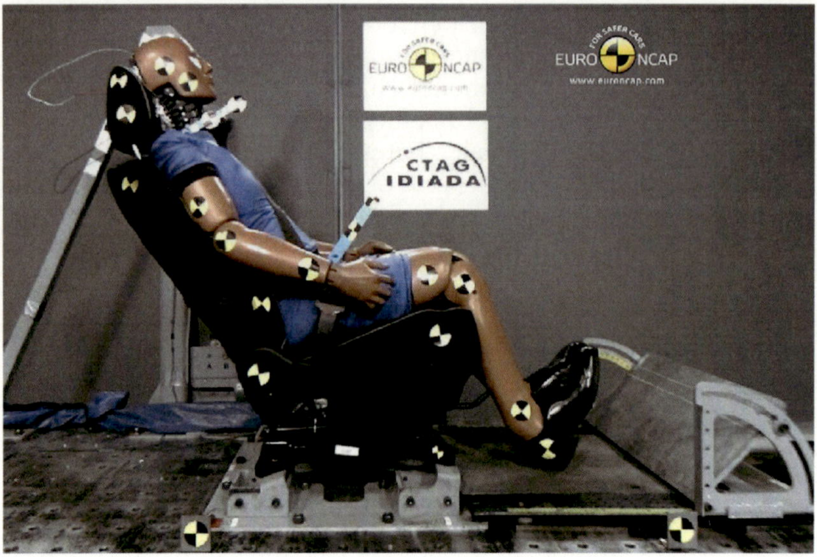

Dummies riskieren »ihr Leben« für Menschen.

24. KAPITEL

Häufig bestand ich bei der Planung von Erprobungsfahrten in Gebiete mit extremen Wetter- und Straßenbedingungen darauf, dass auch an der Entwicklung beteiligte Personen von Zulieferfirmen hin und wieder mitkamen. So konnten sie sich sowohl über die Laufleistungen als auch über die Funktionsfähigkeiten ihrer entwickelten Bauteile und vieles mehr vor Ort informieren. Ein Nebeneffekt war natürlich, dass persönliche Kontakte geknüpft und intensiviert wurden - dies war wertvoller als seitenlange Lieferverträge.

Obwohl auf allen verbindlichen Zeichnungen immer die erforderlichen Tests angegeben waren, ertappte ich bei überraschend durchgeführten Besuchen bei Zulieferfirmen, dass die von uns geforderten Prüfungen bzw. Prozessoptimierungen in der Fertigung ignoriert wurden.

Dabei wies ich immer wieder darauf hin, dass Rückholaktionen oder Produkthaftungsansprüche wesentlich teuerer sind und Vertrauen verspielt wird.

Deshalb wurde auch die Freigabephilosophie des früheren Qualitätsleiters im Unternehmen Mitte der 90er Jahre - der Nachprüfungen unterbinden wollte und die Schieblehren verbannte - schnell wieder aufgehoben.

Gerade unter dem Kostendruck von Kaufteilen und infolge der weltweiten Ausschreibungen wurden mehr unbekannte Zulieferer berücksichtigt. Jedoch mussten deren Konstruktion, Fertigung und Laboreinrichtungen erst einmal auf unseren Qualitätsstandard gebracht werden. Das kostete uns neben der eigentlichen Entwicklungsarbeit einen erheblichen Zeitaufwand. Doch den berücksichtigte unser Einkauf beim Zuschlag nie. Der Einkaufschef war der Meinung, dass bei einer wasserdichten Zeichnung jeder Lieferant in der Lage war, alles in geforderter Qualität zu liefern. Er wollte nur beim Vorstandsvorsitzenden durch Kosteneinsparungen glänzen. Für die Qualität waren schließlich andere zuständig.

Wirklich drastisch verschlechterte sich die Einkaufsstrategie ab Mitte 1993 nach dem Wechsel des Vorstandsvorsitzenden. Angeblich war die Lage damals äußerst angespannt und 30 000 Mitarbeitern drohte der Arbeitsplatzverlust.

Allerdings sah ich das nicht so. Erfahrungsgemäß wird jedes Unternehmen nach dem Wechsel der Führung schlecht geredet, da es einfacher ist, ein Unternehmen je nach Bilanzkosmetik wieder profitabel zu rechnen, als einen florierenden Betrieb auf hohem Niveau zu halten.

Durch Abwerbung eines spanischen Einkaufsstrategen mit sechs weiteren Trabanten von einer amerikanischen Automobilfabrik verschärfte sich die Einkaufsstrategie dermaßen, dass einige unserer treuen Zulieferer den Bach runtergingen und preislich nicht mithalten konnten. Bei diesen Einkäufern hieß die Devise nur, friss oder stirb. Denen war auch völlig egal, in welcher Qualität die Teile geliefert wurden.

Nun war es für unsere neuen Einkaufsstrategen leicht, die von den Zulieferern verlangten Preise zu dumpen, da sie sich nach den Vorgaben ihres ehemaligen Unternehmens richten konnten. Die Unterlagen, die dabei eine Rolle spielten, zwangen uns nach zwei Jahren, die Kasse zu öffnen.

Weil in den letzten Jahren die Zusammenarbeit mit unserer süddeutschen Tochter gelitten hatte, wurde ich von unserem Entwicklungschef beauftragt, festzustellen, auf welchen Gebieten wir effektiver zusammenarbeiten könnten. Als wir an einem Donnerstagmorgen mit unserem Werksflieger um 7:30 Uhr in Braunschweig starten sollten, teilten uns die Piloten mit, dass noch ein Fluggast käme. Endlich, nach einer geschlagenen dreiviertel Stunde preschte eine schwarze Limousine heran, aus der die Frau des Vorstandsmitglieds stieg und im Flieger Platz nahm. Wirklich erstaunt vernahmen wir von ihr nach dem Start, dass wir nicht direkt zu unserer süddeutschen Tochter fliegen würden, sondern erst nach Stuttgart zum Friseur. Wir schauten uns an und dachten wohl das Richtige, da wir jetzt unsere eng gefassten Termine nicht mehr einhalten konnten.

Ein anderes Mal das Gleiche. Eine volle Werksmaschine steht eine ganze Stunde wartend auf dem Vorfeld, bis sich die Frau unseres damaligen Vorstandsvorsitzenden näherte und einstieg. Nur flogen wir nicht unserem Ziel entgegen, sondern direkt nach München. Die Dame erzählte uns etwas von dringenden Weihnachtseinkäufen. Da wir nach der Landung in München erst mit einem Bus abgeholt werden mussten, verloren wir alle an diesem Tag über drei Stunden Arbeitszeit.

Natürlich sollte abends um 19:00 Uhr die Maschine wieder von München abfliegen, sodass wir dorthin bei dichtem Schneetreiben wiederum den Bus nehmen mussten. Da die Schneedecke immer höher wurde, brauchten wir für die 80 Kilometer fast zwei Stunden. Dann am Münchner Flughafen das reinste Chaos. Um 20:30 Uhr saßen wir im Flugzeug und mussten eine Stunde auf die Enteisung warten. Als die vollbracht war, bekamen unsere Piloten keine Startgenehmigung, sodass wir wieder von der Startbahn geschickt wurden. Endlich, nach weiteren 40 Minuten, bekamen wir die Startgenehmigung, hätten aus Sicherheitsgründen aber noch einmal enteist werden müssen, worauf die Piloten schließlich verzichteten, weil unsere Landung in Braunschweig bis 22:00 Uhr erfolgt sein musste.

Mitte der 70er Jahre hatten wir nur eine achtsitzige Turbo-Prop-Maschine, bei der bei der Landung, um uns von dem Militär-Flugplatz in Süddeutschland abzuholen, das Bugrad platzte. Als ein neues Bugrad mit einer anderen Maschine eintraf und die Piloten das selbst wechselten, sprang mit einem Mal ein Sprengring weg und war nicht mehr auffindbar. Daraufhin sagte der Kapitän in meinem Beisein, wir können doch nicht schon wieder eine Maschine nur mit dem Sprengring kommen lassen. Komm lass uns los fliegen, es wird schon gut gehen.

Für Versuchsingenieure lauert die Gefahr, wie Sie sehen, nicht nur auf der Straße.

25. Kapitel

Ein weiteres Problem, das mir ans Herz gelegt wurde, war das Lenkradschloss. Obwohl wesentliche Teile des Lenkradschlosses zum Fahrzeugschließsatz gehören, durfte unsere Abteilung erst nach einer Anordnung des Vorstandes eingreifen. Bisher war es arg stiefmütterlich behandelt worden. Der Grund war unglaublich. Hierarchieregeln und Bauteilnummern regelten die Zuständigkeiten. Nur durch Zufall wurde diese Systemlücke aufgedeckt.

In Amerika gab es einige Autounfälle mit Fahrzeugen mit Automatikgetriebe. Dadurch kam die Sache ins Rollen - im wahrsten Sinne des Wortes. Die Fahrzeuge hatten sich angeblich nach dem Anlassen des Motors ohne Zutun des Fahrers in Gang gesetzt. Die amerikanische Zulassungsbehörde NHTSA drohte uns bereits mit Rückholaktionen.

Da erst stellte das Topmanagement bei uns in der Entwicklung fest, dass es bei uns niemanden gab, der für das konzerneinheitlich verwendete Lenkanlassschloss verantwortlich war. Da diese Baugruppe eine der Elektrik zugeordnete Teilenummer hatte, das Teil aber im Wesentlichen aus Mechanik bestand, kümmerten sich unsere Elektronikingenieure nur um den Zündschalter. Mit allen anderen Einzelteilen schalteten und walteten die Zulieferer nach belieben. Da könnte man auch einen Hund bitten, Würste zu bewachen.

Allerdings begann für mich nun ein verbissener Kleinkrieg zwischen meinem Abteilungsleiter, dem der Abteilung Eletronik und, damit alles seine Richtigkeit hat, auch noch mit dem der Fahrwerkskonstruktion. Obwohl ich die Order direkt vom Top-Management erhalten hatte.

Da aber das Top-Management von mir schnell eine Lösung erwartete, machte ich mich ungeachtet des heimtückischen Papierkrieges der diversen Abteilungsleiter an die Arbeit.

Um unbeabsichtigtes Losfahren zu verhindern, musste ich eine Bowdenzugverbindung (klingt wissenschaftlich, aber die Bremse beim Fahrrad hat auch eine) zwischen Lenkanlassschloss und der P-Stellung des Wählhebels beim Automatikgetriebe schaffen. Diese musste sicherstellen, dass der Motor sich nur starten lässt, wenn der Schalthebel auf der Park-Position steht und umgekehrt durfte der Zündschlüssel sich nur dann abziehen lassen, wenn der Fahrer vorher den Wählhebel auf »P« stellte. Da mir das Konzept einfach erschien, erstellte ich in einigen Tagen eine provisorische Lösung. So konnte ich dem Management ein Auto präsentieren, indem die Vorgaben hinsichtlich des Lenkradschlosses erfüllt waren. Da die Begeisterung der Herren nicht zu bremsen war, wurde ich beauftragt, unabhängig von den anfallenden und später zu erwartenden Kosten, geeignete Lieferanten zu finden. Dazu musste ich die nötigen Serienzeichnungen anfertigen lassen und Werkzeuge für eine Kleinserienproduktion in Auftrag geben.

Parallel bestellte ich prüffähige Muster, die ich nach Anlieferung in ein Versuchsprogramm einband. So konnte ich bei Funktionsstörungen noch Abhilfemaßnahmen erarbeiten. Im Gegensatz zu meinen Vorgesetzten, die sich immer im Streit mit anderen Abteilungen um die Zuständigkeiten befanden, wurde ich vom Management ständig um einen »Lagebericht« gebeten. Um meine Chefs nicht in die Pfanne zu hauen, vermied ich es, dem Management über das Gerangel um die Zuständigkeiten zu berichten. Da es mich aber störte, deutete ich bei den Abteilungsleitern bei Gelegenheit an, dass ich, wenn es so weiterginge, beim Management Hilfe suchen würde - das half.

Hier wurde deutlich, dass es bei diesen großzügig dotierten Abteilungsleitern nicht um die gemeinsame Sache, sondern nur um die kleinkarierte Zuordnung von Teile-Nummern ging. Die Dringlichkeit der Problembehandlung war uninteressant.

Dass diese Baugruppe für die Fahrzeuginsassen ein Hochsicherheitsteil verkörperte, war denen völlig egal. Hätte von diesen unhaltbaren Zuständen seinerzeit die amerikanische Aufsichtsbehörde NHTSA Kenntnis gehabt, dann hätten wir in den USA keine Zulassung bekommen. Die NHTSA ist eine gefürchtete Institution, die Kundenreklamationen sorgfältig sammelt und schon bei kleinen Beanstandungen sofort eine Stellungnahme der betreffenden Autofirma anfordert.

Das komplette Lenkanlassschloss, im Fachjargon nur LAS genannt, besteht aus einem Zinkdruckgussgehäuse, das mittels zweier Abreißschrauben direkt mit der Lenksäule verbunden ist. Damit wird ein unberechtigtes Wegfahren ohne passenden Zündschlüssel erschwert. Es rastet unmittelbar nach Abzug des Zündschlüssels ein federbelasteter Sperrbolzen in die Lenksäule ein und damit ist das Volant blockiert. Weiterhin beinhaltet das LAS einen Zündschalter, der durch einen im LAS demontagegesicherten Schließzylinder mit dem Zündschlüssel angesteuert wird. Zusätzlich erhielt das LAS jetzt ein von mir entwickeltes, wie für Automatikfahrzeuge gefordertes, bowdenzuggesteuertes Zusatzteil. Durch eine weitere Sicherung ist das Abziehen des Zündschlüssels nur bei Wählhebelstellung »P« möglich. Der Benutzer des Fahrzeugs wird so gezwungen, in jedem Fall den Wählhebel in die Park-Stellung zu bringen.

Da dieser Schließzylinder durch drei voneinander unabhängige deutsche Lieferanten und noch durch drei ausländische wie Brasilien, Mexiko und Spanien gefertigt wurde, summierten sich die festgestellten Fertigungstoleranzen. Und zwar in die Richtung, in die dieser wichtige Sicherungsstift keine ausreichende

Überdeckung mehr hatte und deshalb die Gefahr bestand, dass der Sicherungsstift von der Funktionsfläche abrutschen und der Sperrbolzen während der Fahrt die Lenkung blockieren konnte.

Da das aber unbedingt verhindert werden musste, besuchte ich diese Fertigungsfirmen nochmals, um die Möglichkeit der Toleranzeinengungen von den Werkzeugen her abzuklopfen. Einige mussten neue Werkzeuge bestellen, da es mir als unmöglich erschien, mit den ausgeschlagenen Werkzeugen optimal fertigen zu können. Natürlich war ich in dieser Mission kein gern gesehener Gast und wurde dementsprechend behandelt. In dieser wichtigen Frage konnte und wollte ich keine Kompromisse eingehen. Meine Chefs waren anderer Meinung und mich durchzusetzten war schwer.

Nachdem ich innerhalb kurzer Zeit die Zündschlüsselabzugssperre dank Unterstützung des Managements und nach gründlichen Dauerprüfstandserprobungen in Serie gebracht hatte, konnte ich mich aber nicht ausruhen. Ich hatte zwar Großhändler in den USA mit diesem System vertraut gemacht, doch musste ich mich nun intensiver mit dem LAS- System beschäftigen, denn es traten einige bislang unbekannte Missstände beim System auf, die es noch zu beseitigen galt.

Ein Problem hatte sich schon als klassischer Fall für die Pannenhilfe bemerkbar gemacht. Also galt es auch hier, eine Änderung herbeizuführen. Die Ausgangssituation war folgende: Wenn der gezackte Zündschlüssel in den Schließzylinder eingeführt wurde, drückte der Schlüsselbart zwei Rollen nach innen und außen. Nach einer Schlüsseldrehung sprang der Sperrbolzen heraus und war gesichert. Der Sperrbolzen wurde erst wieder entsichert, wenn der Schlüssel linksherum bis zum Anschlag gedreht und herausgezogen wurde. Soweit so gut, nur leider konnte sich bei ungünstiger Schlüssel- und Zackenkombination der Schlüsselbart mit den Rollen verklemmen, sodass es kein zurück mehr gab. Dann war das Fahrzeug nicht mehr betriebsbereit - die Pannenhilfe musste her. Davor fürchtet sich die Branche wie der Teufel vorm Weihwasser.

Da ich erkannt hatte, dass das Rollensystem im Schließzylinder vom Lenkanlassschloss Nachteile beinhaltet, versuchte ich, es durch ein besseres System zu ersetzen. Doch ein autoritär agierender Abteilungsleiter in der Elektro-Konstruktion hatte zusammen mit einem Zulieferer ein Patent darauf. Also standen die Aussichten schlecht. Erst nach seinem Ausscheiden aus Altersgründen gelang es mir, dieses anfällige System aus unseren Modellen zu verbannen.

Weil die Schlüssel in unseren Fahrzeugen ständig in den LASs hängen blieben, war das in den USA permanent ein Thema. Wir schnitten in der Power-Studie diesbezüglich immer schlecht ab. Aber nach der Schließzylinderumstellung schossen wir in der Statistik nach oben. Man sieht hier, was ein sturer Abteilungsleiter für einen Schaden anrichten kann. Nach dem ersten Zusammentreffen mit ihm nach der Umstellung grüßte er mich nicht mehr. Ich habe es überlebt.

Wenn der Vertrieb die aktuellen Mitteilungen über gemeldete Beanstandungen verteilte und sich die Zahl der technischen Leichen auf der Straße häuften, schaltete sich der Vorstand ein und bestellte den Verantwortlichen zum Report. Deshalb war die Zuständigkeit für das LAS bisher so unpopulär.

Man kann sich vorstellen, dass, wenn sich ein Kunde beim Händler für ein neues Auto interessiert, ihn zumindest im Unterbewusstsein der erste Eindruck maßgeblich in seiner Kaufentscheidung beeinflusst. Deshalb legte ich großen Wert darauf, die Hakeligkeit beim Schlüsseleinführen durch verbesserte Systeme zu vermeiden.

Mir war bekannt, dass unsere süddeutsche Tochter ein anderes Schließsystem am LAS verwendete. Dieses erschien mir sicherer und ich prüfte, ob es auch für uns geeignet war.

Da ich als Einziger übrig blieb, der sich wegen der Vorfälle in Amerika für Automatikfahrzeuge zuständig fühlte, vereinbarte ich einen Termin mit unserem Entwicklungschef. Hier beschrieb ich ihm diesen Gordischen Knoten, der sich die letzten Monate wegen der ungeklärten Zuständigkeiten immer fester zusammenzog. Deswegen bat ich ihn um eine Entscheidung, bevor wir einen echten Produkthaftungsfall am Hals hatten.

Um solche Auswirkungen zu vermeiden, beauftragte mich der Entwicklungschef ihm Vorschläge zu unterbreiten, wie das Zuständigkeitsproblem effizient gelöst werden könnte.

Verunglückter Erprobungswagen in Arizona. Positives Ergebnis: Die Türen blieben bei mehrmaligem Überschlag geschlossen.

Wegen der vielen beteiligten Abteilungen erstellte ich ein Organigramm mit Aufgabenverteilung. Daraus ging klar hervor, dass eine effiziente Bearbeitung im Hinblick auf kommende Neuentwicklungen nur durch Schaffung einer neuen Unterabteilung mit fünf Mitarbeitern erreicht werden könnte. Viele Köche verderben den Brei und das war bisher der Fall. So beschäftigten sich mit diesem Thema bisher folgende Abteilungen:

- Fahrwerkkonstruktion und Versuch
- Elektrikkonstruktion und Versuch,
- Aufbaukonstruktion und Versuch,
- Getriebekonstruktion und Versuch
- Gesamtfahrzeugversuch

Dieses Organigramm erläuterte ich ihm in einem persönlichen Gespräch. Obwohl er zuerst mit allem einverstanden war, wollte er meine Pläne vor einer endgültigen Entscheidung mit den betroffenen Abteilungsleitern besprechen.

Leider änderte sich bis zu meinem Ausscheiden nichts mehr.

Da mich das enttäuschte, wünschte ich mir manchmal, dass es zu Problemen an Kundenfahrzeugen kommen würde. Denn im Falle einer Produkthaftung musste die Zuständigkeitskette im Betrieb mit den am Objekt vollzogenen Prüfungen nachgewiesen werden.

Mir war bekannt, dass Zulieferer grundsätzlich ohne unsere ausdrückliche Zustimmung keinerlei Änderungen vornehmen dürfen. Da die Zuständigkeiten aber im Betrieb ungeklärt waren und die Zulieferer das wussten, wurden auch an wesentlichen Teilen manchmal entscheidende Änderungen vorgenommen. Leicht gemacht wurde es ihnen von uns noch, dass diese Zulieferer auch für uns die Serienzeichnungen erstellten und sie, ohne dass das meinen Kollegen auffiel, auch offiziell diese Änderungen darin einarbeiteten.

So entdeckte ich zum Beispiel bei Zerlegung eines LAS-Gehäuses aus einem Dauerlauffahrzeug nach einer Laufleistung von nur 85.000 Kilometer statt der geforderten 100.000 Kilometer, Risse an einem Blechteil des Sperrbolzenschlittens. Also schaute ich in die Serienzeichnung dieses Bauteils und hatte Glück, dass gerade diese Zeichnung älteren Datums war. Statt Zinkdruckguss wurde jetzt Blech verarbeitet. Ich befürchtete Schlimmes und erzählte es dem Abteilungsleiter, der mich aber anschnauzte, was ich mich überhaupt darum kümmerte. Trotzdem fuhr ich am nächsten Tag unangemeldet zu dem betreffenden Zulieferer in Lippstadt, um den Werdegang der durchgeführten Änderungen an diesem Bauteil zu recherchieren. Und siehe da, in der Tat wurde eigenmächtig dieses Teil so geändert, dass durch das billiger herzustellende Blechteil zwei kostenaufwendige Schieber am Sperrbolzen-Schlitten aus Zamak entfallen konnten (Zamak ist der Fachausdruck für Zinkdruckguss). Tatsächlich hatte dieser Zulieferer dieses Teil ohne Zustimmung geändert und unzureichend geprüft. Als ich den technischen Leiter des Werkes darauf hinwies, dass es an dem Teil Risse gibt, die dazu führen können, dass der Sperrbolzen bei Fahrt die Lenkung blockiert, bekam er weiche Knie. Prophylaktisch behauptete er, die Genehmigung zur Änderung liege vor, was aus dem letzten Zeichnungsstand hervorginge. Da sich bei uns niemand darum gekümmert hatte, war es anhand der genehmigten Zeichnung nicht aufgefallen.

Ich begann, das Blechteil so zu gestalten, dass das Auftreten von Rissen ausgeschlossen wurde. Erweiterte die dafür geltende Prüfvorschrift von 15 000 Betätigungen auf 50 000 und die Dauerfahrerprobung von 100 000 Kilometer auf 300 000 Kilometer.

Als ich mir beim Lieferanten in Lippstadt die Fertigung des Blechteils ansah, stellte ich unter dem Mikroskop fest, dass in den Radienübergängen beim Biegungsprozess Haarrisse am Neuteil erkennbar waren. Diese hätten sich bei der Betätigungszahl unter normaler Last im Fahrzeug duplizieren und gefährlich werden können. Also ließ ich bereits dort die Werkzeuge umgehend optimieren und die Radien biegegünstiger gestalten. Bereits drei Tage später hatte ich optimierte Teile zur Verfügung, die ich gleich verschärften Prüfstandsbedingungen unterzog und weitere zehn Fahrzeuge im Dauerlaufeinsatz damit ausrüstete. Nach einem halben Jahr hatte ich die Sicherheit, mit diesen Änderungen eine wesentlich längere Haltbarkeit zu garantieren.

Hin und wieder bin ich verwundert, dass in Tageszeitungen von schweren Unfällen mit diesen älteren Modellen berichtet wird. Wie diese aus unerklärlichen Gründen auf gerader Strecke von der Straße abkamen und gegen fest stehende Hindernisse knallten. Mir blieb das ein Rätsel. Aber auch hier waren sicher für die Unfallermittlung spezialisierte Fachleute zur Stelle, die hoffentlich auch alle Möglichkeiten der Unfallursache herausfanden.

26. Kapitel

Die letzten zwölf Jahre war ich für die erforderlichen Typ-Prüfungen verantwortlich. Nach umfangreichen Vorversuchen und exakter Dokumentation der ermittelten Ergebnisse, gab ich mein OK. Ohne diese Prüfungen durfte kein Auto im betroffenen Land verkauft werden.

Zu diesen Prüfungen sicherheitsrelevanter Baugruppen zählten sowohl statische Festigkeitsversuche als auch Beschleunigungsversuche, die problemlos ablaufen mussten.

Bei statischen Zerreißversuchen war von den Behörden exakt festgelegt, wie die Teile, die der laufenden Serienproduktion zu entnehmen waren, in der Zugvorrichtung aufzunehmen und mit welchen Schrauben sie zu befestigen waren. Ferner war auch die Zuggeschwindigkeit in Millimeter pro Sekunde vorgeschrieben. Natürlich mussten vorab intern manchmal zig-Versuche durchgeführt werden, bis die Ergebnisse entsprachen. Allerdings muss ich erwähnen, dass die internen Vorgaben in der Regel noch 30 – 50 % über denen der Prüfbestimmungen lagen.

Diese statischen Tests betrafen alle Bolzen und Scharniere an Türen und Klappen und sollten vor allen Dingen die, die beim Seiten-, Heck- oder Frontalcrash auftretenden Kräfte reproduzieren. Es durften sich bei Unfällen dieser Art keine Baugruppen verselbstständigen, sodass die im Fahrzeug befindlichen Insassen aus dem Auto geschleudert werden konnten.

Der Unfall auf dem Foto ist anlässlich einer Stauberprobungsfahrt in Arizona mit einer von mir eingesetzten Fahrerin passiert, die ich vorher ausdrücklich angewiesen hatte, nur so schnell zu fahren, wie sie es verantworten konnte. Dennoch war das Ergebnis positiv, denn trotz mehrfacher Überschläge blieben alle Türen und Klappen geschlossen, sodass sich die Fahrerin nicht verletzte.

Es gab bei Scharnieren durch die Zugbelastungen in Längs- oder Querrichtung in Stufen bis zum Bruch kaum Schwierigkeiten. Dagegen verursachten Türschlösser wegen der vielen Nietenverbindungen und scharfkantiger Schnittstellen an Stanzteilen aus Blech Probleme. Das veranlasste mich, von Lieferfirmen exaktere Vorgaben hinsichtlich der Herstellung der Nietköpfe und die Umstellung zu fordern. Da sich das Schloss bei geschlossener Tür durch den Schließbolzen oder Schließbügel verrastete, mussten die Zerreißversuche entsprechend der Einbaulage am Fahrzeug durchgeführt werden. Die früher verwendeten Schließbolzen hatten am freien Ende einen stabilen »Pilzkopf«, mit dem damals im Gegensatz zu einem Schließbügel hohe Werte erzielt wurden. Da der gebogene Bügel mit der Grundplatte vernietet war, mussten hier monatelange Tests im Beisein von Lieferanten durchgeführt werden. Es dauerte, bis die anfangs großen Streuungen der Vernietungen prozesssicher waren und ich die Erfüllung der Vorgaben melden konnte.

Sämtliche bei uns im Hause durchgeführten Versuche dieser Art waren zu dokumentieren und nach Abnahme durch die Typprüfkommissionen zehn Jahre lang zu verwahren.

Das mag nach Haarspalterei klingen, aber wie viele Millionen man im Schadensfall an Regressansprüchen sparte, beweist ein Beispiel von vielen.

Es kam vor, dass ich bei einem Produkthaftungsfall in den USA, vor dem dortige Gericht als Zeuge vernommen wurde. Dabei ging es um einzelne Entwicklungsschritte der gebrochenen Teile am Unfallfahrzeug. Natürlich mussten dann die geprüften und für gut befundenen Teile mit den Prüfdaten noch vorhanden sein. Bei diesen Klagen ging es um mehrere Millionen und last not least, um den Imageverlust.

Bei einem Unfall im Juni 1989, bei dem ein Amerikaner angeblich während der Fahrt in einer Rechtskurve ohne einen Crash aus seinem Fahrzeug katapultiert wurde, war diese Dokumentation wertvoll. Ich konnte zweifelsfrei nachweisen, dass dieses Fahrzeug einen schweren Vorschaden hatte. Nach Analyse der Türschlösser und der Schließbolzen stand fest, dass sich die Fahrzeugkarosserie bei einer zuvor erfolgten Kollision verzogen hatte. Deshalb war die Lage des Türschlosses zum Schließbolzen außerhalb der zulässigen Toleranz. Also rastete die Tür beim Schließen nicht mehr korrekt in der zweiten Schlossraste ein.

Der Fahrer war im Glauben, dass die Tür geschlossen sei. Dem war aber nicht so - konnte gar nicht sein. Durch diese, dem Gericht vorgetragene Analyse des Unfallherganges wurde die Klage abgewiesen.

Um mehr Sicherheit gegen unbeabsichtigtes Türenöffnen während der Fahrt zu erreichen, startete ich eine große Versuchsreihe mit unterschiedlichen Eingriffswinkeln von Drehfalle und Sperrklinke an den Kontaktflächen. Zufällig hatte ich erkannt, dass sich bei ungünstiger Flächenberührung und nicht vermeidbarer Erschütterung, die Sperrklinke so weit herausarbeiten konnte, dass die Gefahr bestand, dass die Tür aufsprang. Deshalb ermittelte ich an vielen Teilen den dafür optimalen Hinterschnitt, der dann schnell in allen Schlössern umgesetzt wurde. Dazu war für jedes Schlossmodell nur die Erstellung eines neuen Feinstanzwerkzeuges erforderlich.

Bei weiteren Typprüfungen musste ich an Fahrzeugkomponenten nachweisen, dass sich im Falle eines Fahrzeugcrashs mit 50 Stundenkilometer gegen ein stehendes Hindernis, Türen oder Klappen nicht selbstständig öffneten. Diese durften sich durch die

Beschleunigung nicht selbstständig verriegeln. Weiters durften sich keine Innenverkleidungen oder sonstige Bauteile lösen. Allerdings mussten sich die Türen und Klappen von innen und außen unter normaler Kraftanstrengung öffnen lassen. Um diese Bedingungen alle zu erfüllen, musste ich zahlreiche Baugruppen entsprechend vorbereiten. Dazu zählte, dass die für diese Versuche kritischen Rohbau- und Teilemaße in Zeichnungstoleranz eingehalten bzw. auf Soll gebracht wurden. Ferner durften die zeichnungsmäßig vorgeschriebenen Betätigungskräfte oder Betätigungsmomente der einzelnen Funktionen nicht unter- oder überschritten werden. Es erforderten allein die Beschaffung der Teile und andere Vorbereitungen oft Monate.

Dann kam hinzu, dass diese Versuche nur auf einer hoch frequentierten Schussanlage durchgeführt werden konnten. Die war einer Sicherheitsabteilung zugeordnet und von dieser bekam man bestenfalls zwei Wochen vorher einen Termin. Da beim Eintreffen dieses Termins die Teilevorbereitungen noch nicht abgeschlossen und Zulieferteile noch nicht eingetroffen waren, konnte ich den Termin nicht nutzen. Da ich wie stets in Zeitnot war, ließ ich kurzerhand alles mit einem LKW zu einer ähnlichen Anlage von Siemens in der Nähe von Frankfurt karren, um diese Beschleunigungsvorversuche dort durchzuführen. Während ich auf unserer Anlage daheim für vier Schüsse Tage brauchte, schaffte ich das auf dieser Anlage in zehn Stunden.

Die Beschleunigungsversuche wurden wie folgt durchgeführt: Um die Belastungen bei einem Seitencrash zu reproduzieren, wurden die Türen eines viertürigen Fahrzeugs in ein stabiles Stahlgestell eingebaut, in dem sie sich öffnen und schließen ließen. Dieses Stahlgestell wurde dann auf einen Schlitten des Schussapparates gesetzt und verschraubt. Nach der Befestigung von Beschleunigungsaufnehmern am Schlitten und Sensoren an den Teilen, wurden vier leistungsstarke Kompressoren angeworfen, die den nötigen Druck erzeugten. Nach Erreichen des notwendigen Drucks und dem Einschalten der Hochgeschwindigkeitskameras wurde der im Schussapparat sitzende Kolben ausgelöst. So prallte dieser gegen den Schlitten.

Als Ergebnis der Versuche stellte sich heraus, dass sich allein durch das Eigengewicht der Türaußengriffe - von damals 135 Gramm - durch die Beschleunigung von 30 g alle Türen öffneten. Man muss sich das so vorstellen. Beim Schuss der in Schussrichtung abgewandten Türaußengriffe und querstehenden Türen bleiben diese durch ihre eigene Masse gegenüber dem Schlitten zeitverzögert stehen, was aber ausreichte, das Türschloss über den Auslösehebel, der mit dem Griff ja verbunden war, zu öffnen. Die Beweise lieferten dafür die Hochgeschwindigkeitskameras.

Um das in jedem Fall zu verhindern, musste ich verschiedene Maßnahmen umsetzen. Als Erstes musste der Türgriff außen leichter werden. Da dieser vollständig aus Polyamid gespritzt war, entwickelte ich mit der Zulieferfirma ein neues Spritzverfahren, bei dem sich in der Griffmitte eine Gasblase bildete und die Griffmasse auf 65 Gramm reduziert werden konnte. Weiterhin optimierte ich einige Stahlhebel der Auslösekette mit Verringerung von Blechquerschnitten und dem Stanzen von Löchern so, dass hier die schlossauslösenden Momente verringert wurden. Erfreulich war, dass bei den nächsten Versuchen mit entsprechend geänderten werkzeuggefertigten Teilen schon positive Ergebnisse erzielt wurden.

Auch bei den als nächstes durchgeführten Versuchen mit längs stehenden Türen, gab es erhebliche Probleme, da die Hintertüren sich selbstständig verriegelten und sich nach einem Crash nicht mehr von außen öffnen ließen. Hier gestaltete sich eine Lösung schwieriger, da alle Teile in der Verriegelungskette ohnehin geringe Masse hatten und diese zusätzlich durch Reibung in den Lager- und Befestigungsstellen gebremst wurden. Nachdem ich zahlreiche Schlittenversuche mit weiterhin negativen Ergebnissen gefahren hatte und ich zwischenzeitlich eine andere dreiwöchige Erprobung in Südafrika durchführen musste, kam mir dort die rettende Idee: Am Umlenkhebel ein der Verriegelungsrichtung beim Crashfall entgegenwirkendes Zinkdruckgussteil anbringen, das im Wesentlichen als Massenausgleich funktionieren sollte. Und in der Tat, bei den nächsten Beschleunigungsversuchen zeigte es seine positive Wirkung. Alle Hintertüren verriegelten sich durch diese Belastungen nicht mehr selbsttätig und erfüllten somit die Vorgaben.

Natürlich war das Problem noch nicht erledigt. Jetzt begannen die Gespräche mit den Konstrukteuren wegen der Umsetzung und mit den Zulieferern, welche die Teile herstellen mussten. So manches wurde nochmals infrage gestellt und ich musste einige Schussversuche wiederholen.

Meine letzten Versuche auf dieser Schussanlage in meinem Arbeitsleben waren Beschleunigungsversuche mit schweren Türen unseres neu entwickelten Top-Modells, das noch in dem Jahr in Serie gehen sollte.

Um an für diese Versuche geeignete Türen der dritten Baustufe zu kommen, war ich tagelang unterwegs und musste meine Kontakte einsetzen. Jeder, der im Besitz derartiger Türen war, machte seine Dringlichkeit geltend und ließ mich abblitzen.

Letztlich klappte es und ich konnte meine Versuche durchführen. Die Ergebnisse waren haarsträubend. Bei allen Türen hatten die Türschlösser geöffnet und die schweren Außenspiegel hatten sich von den vorderen Türen gelöst, sodass sie wie Geschosse durch den Raum flogen. Sogar die relativ schweren Türverkleidungen, an denen noch die schweren Türlautsprecher befestigt waren, hatten sich gelöst. So etwas hatte ich noch nie erlebt. Und in drei Monaten sollte die Serienproduktion beginnen!

Als Erstes sagte ich den Prüftermin ab. Dann machte ich meinem Bereichsleiter nach der Berichterstattung über diese Ergebnisse ordentlich Dampf, alle Hebel in Bewegung zu setzen und mir als Führungsaufgabe, neue geeignete Türen zu beschaffen. Diese erhielt ich bereits vier Stunden später. Ich erarbeitete mit den zuständigen Konstrukteuren Verstärkungen an den Außenspiegeln und befestigte die Türinnenverkleidungen an kritischen Stellen zusätzlich mit Schraubpunkten.

Die schweren Türaußengriffe, die ja das Schlossöffnen verursacht hatten, ersetzte ich durch ein leichteres Material. Dabei ahmte ich auch den Worst-Case-Fall bzgl. der Schloss-Griff-Einstellung nach. Das heißt, kleinstmögliches Spiel zwischen Außengriff und Schlossauslösehebel bei geringstmöglicher Schlossauslösekraft.

Während diese Arbeiten drei Tage in Anspruch nahmen, sorgte mein Bereichsleiter dafür, dass die Schussanlage reserviert wurde. Am nächsten Tag konnte der Schussversuch wiederholt werden.

Und siehe da, die Außenspiegel hielten. Nur zwei vordere Türverkleidungen lösten sich leicht und ein hinteres Türschloss hielt dieser Beanspruchung infolge eines Materialfehlers nicht stand. Da diesmal keine Materialverformungen an den Türen festgestellt wurden, konnte ich jetzt noch die anschließenden Feinabstimmungen mit den gleichen Teilen machen und gleich für den übernächsten Tag die externen Teilnehmer der Typprüfung einladen lassen.

27. Kapitel

Ein weiteres Betätigungsfeld war, unsere Fahrzeuge einbruch- und diebstahlsicher zu machen. Nachdem unser Brot und Butter-Auto auf den Markt kam, häuften sich die Beschwerden, dass über Nacht Gepäck aus dem Fahrzeuginnenraum oder gleich das Fahrzeug gestohlen wurde. Da die Versicherung dafür aufkommen musste, stiegen die Versicherungsprämien.

Für die Kaufentscheidung eines neuen Automobils sind für viele Leute besonders wichtig: der Kraftstoffverbrauch, die Kraftfahrzeugsteuer und die Höhe der Versicherungsprämie. Außerdem war es keine gute Werbung für unser Produkt, wenn sich kriminelle Banden auf unsere Autos stürzten.

Also wurde ich vom Entwicklungschef beauftragt, unsere Fahrzeuge zu untersuchen. Bereits nach kurzer Zeit stellte ich fest, dass sogar Blinde die Türen oder die Heckklappe ohne den Schlüssel öffnen könnten. Bei manchen Fahrzeugmodellen war ich schneller, als der rechtmäßige Besitzer mit dem Schlüssel.

Nun gibt es aber eine erhöhte Sicherheit gegen Einbruch nicht zum Nulltarif. Wegen der damaligen Konjunktur- und Kraftstoffflaute Mitte der 70er Jahre mussten notwendige Mehrkosten begründet werden.

Also begab ich mich zu unserer Film- und Fotoabteilung, um die Entstehung eines Dokumentarfilmes über dieses Thema zu besprechen. Damit außer zwei Damen der Filmabteilung niemand davon erfuhr, drehten wir ungestört spät abends oder am Wochenende.

Als unser Entwicklungsleiter diesen Film dann seinen Vorstandskollegen vorführte, platzte beinahe eine Bombe. Eine Öffnung der Grenzen nach Osten war zu damaliger Zeit noch nicht abzusehen. Das wäre auch eine Katastrophe geworden. Zu jetziger Zeit hatten wir es nur mit deutschen, englischen und italienischen Kriminellen zu tun, die Gott sei Dank nur vereinzelt in Erscheinung traten.

Der Vorstand gab nun die Order, möglichst schnell geeignete

Gegenmaßnahmen zu entwickeln, die einen Einbruch in unsere Fahrzeuge erschwerten und nach Möglichkeit auch einen kompletten Fahrzeugdiebstahl verhinderten. Damals war mir selbstverständlich klar, dass eine hundertprozentige Lösung technisch nicht möglich und von allen Kunden auch nicht gewollt war. Warum nicht gewollt?

Als ich Anfang und Mitte der 70er Jahre mit meinem Mercedes an der Biskaya meinen Urlaub verbrachte, musste ich wegen der Altersschwäche meines Glühstrumpfes immer Werkzeugausrüstung mitnehmen. Wegen der direkten Lage des Campingplatzes am Strand, durften die Fahrzeuge direkt am Zelt stehen. Als ich dann anfing, Reparaturen auszuführen, sprach sich das unter den Franzosen schnell rum. Bald musste ich Termine für Reparaturen vergeben.

So kam es häufiger vor, dass sich Franzosen niedergeschlagen bei mir meldeten, sie hätten ihren Autoschlüssel am Strand verloren und sie wüssten nicht, was sie jetzt machen sollten und ob ich ihnen helfen könnte.

Also besorgte ich mir etwas Draht, ein loses Metallsägeblatt und eine Kombizange. Um beim ersten Fahrzeug die Türen zu öffnen, brauchte ich nur an ein längeres Drahtstück einen Haken zu biegen mit dem ich unter den Pilzkopf des Türsicherungsknopfes fasste und diesen noch oben zog. Die Türen waren offen. Jetzt ging es an das Zündschloss und an die Lenkradsperre. Da das Zündschloss aus Kunststoff gefertigt war, konnte ich den Zündschalter drehbar belassen und kurzschließen, sodass ich zum Starten des Motors nur den Schalter drehen musste. Als Lenkradsperre diente ein dünnes Blech, das ich allein durch die Lenkbewegung außer »Betrieb« setzte. So war das Fahrzeug vorerst wieder zu benutzen.

So wie hier geschildert ging es bei den nächsten Hilfegesuchen weiter. Natürlich gab es auch kompliziertere Schließsysteme zu überwinden, für die ich bis zu einer Stunde brauchte. Die meisten Fahrzeuge und dazu gehörte leider auch unser Brot- und Butterauto, hatte ich offen, bevor der Besitzer seinen Schlüssel aus der Hosentasche gekramt hatte.

Als ich vom Vorstand den Auftrag bekam, unsere Modelle einbruch- und diebstahlsicherer zu machen, hatte ich also schon Erfahrungen gesammelt. So waren bereits an Serienfahrzeugen

Abdeckbleche oder auch nur einfache Sicken im Einsatz, die besonders kritische Bereiche entschärften.

Fest stand, dass wir die für einen Einbruch oder Diebstahl benötigte Zeit verlängern konnten. Die Kriminellen, die ihr Vorhaben umsetzen wollten, studieren unsere Systeme gründlich und üben daran, bis sie im Schlaf mit vorgefertigten Hilfsmitteln die Systeme überbrücken.

Dramatisch stieg die Zahl der Fahrzeugaufbrüche mit der Grenzöffnung im Osten an, sodass die Kraftfahrzeug–Versicherer die Prämien anheben mussten. Tagtäglich kamen Kripo–Beamte zu uns, um über neue Einbruchs- und Diebstahlmethoden zu berichten. Manchmal sogar mit den Tätern, die uns an unseren Neufahrzeugen vorführten, wie sie vorgingen. Als später wertvolle Autos auf Bestellung, wie zum Beispiel nach Modell, Farbe, Ausstattung geklaut wurden, genehmigte unser Vorstand einen gewissen Geldbetrag pro Auto, um den Ganoven ihr Handwerk zu erschweren.

Als Erstes listete ich alle Schwachpunkte auf und schlug entsprechende Abstellmaßnahmen vor, die ich danach mit den Fachbereichen und Zulieferern besprach. Da wir zu der Zeit wieder für ein neues Modell ein neues Türschloss mit Schließgarnitur entwickelten, war es möglich, darin in Verbindung mit der Zentralverriegelung eine Safe-Sicherung unterzubringen. Diese Safe-Sicherung bewirkte, dass bei der Schlossmanipulation von außen die Sperrklinke außer Eingriff geriet, die ein Öffnen der Drehfalle verhinderte. Die technische Schwierigkeit bestand dann darin, dass im Fahrzeug befindliche Insassen trotz eingeschalteter Safe-Sicherung im Gefahrenfall noch die Möglichkeit hatten, die Türen von innen zu öffnen.

Als Nächstes wurde die Linearbewegung für die Schlossentriegelung über den Schließzylinder am Türaußengriff in eine rotorische umgewandelt, da es schwieriger ist, diese zu manipulieren.

Weiterhin war unser zackiges Schlüsselprofil einfach mit einer normalen Metallfeile herzustellen; zumal bei jedem Schlüsseldienst Rohschlüssel zu erwerben waren. Deshalb wurde statt der außen liegenden Zacken ein Innenbahnschlüsselsystem geboren, das neben der schwierigeren Kopierbarkeit, die nur mit entsprechender Fräsmaschine und dem dafür auch zugeordneten

Rohling zu bewerkstelligen war, auch viele weitere Vorteile hinsichtlich Funktionsverbesserungen beinhaltete. Außerdem wurde sichergestellt, dass sowohl die Fräsmaschinen mit entsprechender Programmierung und auch die Rohschlüssel nur autorisierten Fachhändlern zugänglich gemacht wurden. Eine weitere Sicherheit bildete die Erhöhung der Zuhaltungsanzahl und die Zwischenschaltung einer Rutschkupplung, die später infolge nicht einzuhaltender Fertigungstoleranzen mit einer Sollbruchstelle versehen wurde. Damit verhinderten wir, dass ein Unbefugter mit einem Schraubendreher den Schließzylinder leicht von außen in Entriegelungsposition verdrehen konnte.

Mit all diesen Maßnahmen hatten wir den Einbruchschutz so weit verbessert, dass sich die Einbruchzeit durch einen geübten »Ganoven« von fünf Sekunden auf fünfzehn Minuten verlängert hatte. Wer solange von außen an einem Fahrzeug stochert, ist natürlich auffällig und wird gegebenenfalls von seinem Vorhaben ablassen. Das war unser vorgegebenes Ziel.

Viel schwieriger wurde es für uns, wirksame Maßnahmen zu entwickeln, die das Entwenden des Fahrzeugs nach Möglichkeit verhinderten. So wurden am Anfang mit einem elektronischen Zulieferer Transponder entwickelt, die sowohl im Schlüsselkopf als auch am Schließzylinderkopf des Lenkanlassschlosses installiert wurden und die mit dem Motorsteuergerät kommunizieren konnten. So war zumindest erst einmal sichergestellt, dass das Fahrzeug auch nur mit dem dazugehörigen Schlüssel gestartet werden konnte.

Wie wir aber erfahren mussten, waren die Ganoven unserer Technik bereits voraus. Mittels bestimmter Computerprogramme griffen sie direkt in die Motorsteuergeräte ein und konnten trotz der Transponder den Motor starten.

Um das Fahrzeug wegzufahren, war nur noch der in die Lenkspindel eingerastete Sperrbolzen zu umgehen. Meistens wurde er von den Autoknackern durch eine ruckartige Lenkbewegung einfach abgeschert. Deshalb entwickelte ich mit einem Zulieferer in England eine Rutschkupplung, die das wirksam verhinderte und somit eine Lenkung bei normaler Fahrt unmöglich machte.

Alle diese Maßnahmen bezüglich eines verbesserten Einbruch- und Diebstahlschutzes konnten aber erst nach und nach in die darauf folgenden neuen Modelle einfließen, da jedes Detail gründlich erprobt werden musste. Unsere Kunden hätten mit Sicherheit kein Verständnis dafür gehabt, wenn wir zugunsten eines erhöhten Einbruch- oder Diebstahlschutzes an anderer Stelle Komfort- oder Funktionsbeeinträchtigungen zugelassen hätten.

Wir konnten bereits nach Einsatz unserer Maßnahmen in die hochwertigeren Modelle einen deutlichen Rückgang von Fahrzeugdiebstählen und Einbrüchen feststellen. Es hatte sich also gelohnt. Auch freuten sich darüber die Kraftfahrzeug-Versicherer und senkten die Beiträge. Dafür häuften sich jetzt die Einbrüche an älteren Fahrzeugen, was wir nicht mehr beeinflussen konnten.

Allerdings studierten die Auto-Ganoven unsere Maßnahmen und entwickelten Gerätschaften, mit denen auch wieder neuere Modelle geknackt werden konnten - sie brauchten nur etwas mehr Zeit als früher.

28. Kapitel

Ich war aber nicht nur auf Erprobungsreisen unterwegs. Zu meinem Aufgaben als Versuchsfachreferent gehörten jetzt auch Baumusterfreigaben und Typprüfungen.

Jeder neue Lieferant erhält vom Einkauf die Baumustergenehmigung und kann erst dann seine Teile an die Serienproduktion ausliefern. Die Einhaltung dieser Bestimmungen ist Voraussetzung dafür, dass die Ware auch übernommen wird. Sowohl beim Lieferanten als auch bei uns muss eine lückenlose Dokumentation darüber vorliegen - erst dann wird die Rechnung freigegeben und bezahlt. Für diese Prüfung hatte mir der Lieferant einige Teile angliefert, die bei ihm unter Serienfertigungsbedingungen hergestellt worden waren. Nun gab es aber Firmen, die mir extra ausgesuchte Teile unterjubelten und in den dazu gehörenden Messblättern die entsprechenden Werte auf unsere geforderten Soll-Werte trimmten. Nach dem Motto: Traue keiner Statistik, die du nicht selbst gefälscht hast. Da ich bei Besprechungen stets eine elektronische Schieblehre mit einem Hundertstel Messbereich dabei hatte, konnte man mir nichts vormachen. Von meinen anderen Kollegen hörte ich manchmal, dass gerade solche Firmen von uns mit der Begründung Schadensersatz haben wollten, da sie ja bereits von uns die Baumustergenehmigung in den Händen hatten.

So erweiterte ich die Richtlinien für die Baumustergenehmigung dahingehend, dass künftig nur noch Teile dafür genommen werden dürfen, die von uns unter Aufsicht bei den Lieferanten gefertigt und gemessen wurden. Dadurch entfiel die maßliche Nachkontrolle und man brauchte sich nur noch auf die Prüfungen beschränken, die der Lieferant nicht selbst durchführen konnte. Dazu gehörten Wärme-, Kälte, Staub und UV-Tests, die direkt mit den anderen Prüfungen an Fahrzeugen durchgeführt wurden. Außerdem mussten auch Montage- sowie Fahrtests erfolgen.

Dadurch fiel wieder Reisezeit an, da unsere Lieferanten weltweit verteilt waren. Aber wer wollte das Risiko tragen, Fehler zu übersehen. Abgesehen vom Imageverlust, konnte das hohe Kosten durch Rückholaktionen sowie Produkthaftungsklagen verursachen.

So hatte ich neben europäischen Zulieferern auch Firmen in Brasilien, Mexiko, China und Japan aufzusuchen. Bei denen fühlte ich mich manchmal in die 20er Jahre zurückversetzt und ich fragte mich, wie die bei ausgeschlagenen Bohr-, Dreh- und Fräsmaschinen Fertigungstoleranzen von oft nur 0,1 mm prozesssicher produzieren konnten. Oft wünschte ich, dass unser Mann vom Einkauf, der dieser Firma den Auftrag erteilt hatte, dies hätte sehen können, damit so etwas künftig überprüft wird.

Aber weil wir oft unter Termindruck standen und nicht einfach die Firma gewechselt werden konnte, musste ich alles daran setzen, diese Schwachpunkte abzustellen. Zusätzlich musste ich die damit beschäftigten Arbeiter schulen und mit ihnen mögliche Fehlerquellen analysieren. Sie mussten wissen, welche Fehler sie begingen und wie sie vermieden werden konnten. Des Weiteren zeigte ich ihnen am Fahrzeug die Stelle, wo das Teil verbaut wurde und welche Nachteile durch fehlerhafte Teile entstanden.

Wichtig war aber auch, dass die Leute am Fließband eine Kontrollmöglichkeit hatten, bei der sie erkennen konnten, ob die immer mit kleineren Toleranzen behafteten Funktionssysteme funktionierten. Allein bei der Montage des Türaußengriffes konnten Einstellfehler passieren, wodurch sich nach der ersten Verriegelung die Türen sowohl von innen als auch von außen nicht mehr öffnen ließen.

So erinnere ich mich an einen Fall, bei dem sich unser Big Boss einen Vorserienwagen zeigen ließ. Als er sich hineinsetzte und die Türen schloss, war leider genau das eingetreten. Der Herr saß also im verschlossenen Käfig! Das Donnerwetter können Sie sich vorstellen, da er durch die geöffnete Türseitenscheibe von außen aus dem Fahrzeug gezogen werden musste.

Verursacht wurde das dadurch, dass der kleine Bowdenzug zwischen Schlosshebel und Außengriff unter Vorspannung montiert wurde. Also war das Türschloss bereits angelöst und der die Sperrklinke steuernde nach unten ausschwenkbare Sicherungshebel schob sich an der Sperrklinke vorbei.

Um das generell zu vermeiden, legte ich trotz Ablehnung meiner Produktions- und Planungspartner für unsere Fahrzeugproduktionen folgende Kontrollprüfung fest:

Tür schließen. Dann Türaußengriff oder Betätigungshebel innen bei offener Seitenscheibe in Öffnungsrichtung bis Anschlag ziehen und festhalten. Anschließend Türen von innen oder von außen über den Funkschlüssel oder Zentralverriegelung verriegeln. Türaußengriff oder Betätigungshebel innen langsam bis zur Endstellung loslassen undTüraußengriff oder Betätigungshebel innen in Öffnungsrichtung ziehen.

Ergebnis:

Wenn sich die Türen öffneten, war alles in Ordnung. Wenn nicht, war der Bowdenzug etwas lockerer einzustellen.

Natürlich weigerten sich zunächst die Fachbereiche, weil die Prüfung Zeit und somit Geld kostete. Als ich aber den Meistern an den Bändern erklärte, was unserem Vorstandsvorsitzenden durch diese Fehleinstellung passierte und welcher Aufwand dann eingeleitet werden muss, stimmten sie zu.

Hingegen waren in China unsere Fertigungsleiter, die bei der Montage schon negative Erfahrungen gemacht hatten, sehr aufgeschlossen, als ich ihnen mein Kontrollverfahren erklärte.

Weil wir bei Seitencrashs durch die Türaußengriffe Probleme hatten, versuchten wir als Material eine neue leichtere Kunststoffmischung mit ähnlichen hohen Eigenschaften zu erforschen und letztlich auch zu ersetzen. Ich bekam eines

Tages Besuch von Japanern, die mir derartiges Material mit 15 % Gewichtsersparnis vorstellten, das zusätzlich UV-beständiger sein sollte. Eine hohe UV-Beständigkeit war wichtig, da sich bei unseren Langzeit-Freibewitterungsversuchen in Arizona, Florida und Südafrika gezeigt hatte, dass durch den Glasfaseraustritt die Türgriffe grau wurden und lackiert werden mussten.

Also leitete ich eine Versuchsphase mit diesem Kunststoff ein und informierte mich über das Herstellungsverfahren sowie über die Ergebnisse der bisherigen Nutzer.

In Tokio erlebte ich etwas Außergewöhnliches. Nach der Ankunft wurde ich im 23. Stockwerk eines Hotels einquartiert. Da ich eine Stunde bis zum vereinbarten Besprechungstermin Zeit hatte, legte ich mich aufs Bett. Plötzlich wurde mein Hotel von Erdstößen erschüttert und die in der Mitte des Zimmers aufgehängte Deckenlampe fing zu schaukeln an. Sofort griff ich eilig nach meiner Brieftasche und suchte den Treppenabgang. Dann rannte ich hinunter. Als ich nur notdürftig gekleidet und atemlos in der Hotelhalle ankam, sahen mich alle verwundert an. Höflich wurde mir erklärt, dass die Gebäudewackelei nichts zu sagen hätte und keinerlei Gefahr bestände. Derartige Erdstöße würden in Tokio hundertfach am Tag auftreten. So war es am einfachsten, sich schnell daran zu gewöhnen - Japaner. Meiner Bitte, ein Zimmer im Erdgeschoss zu bekommen, konnte nicht entsprochen werden, da das Hotel voll belegt war. Also blieb mir nur, bis in den 23. Stock die Treppen zu steigen, da mir die Fahrstuhlbenutzung als zu gefährlich erschien.

Anlässlich eines Besuches in Florida hatte ich noch ein Erlebnis, was ich mein ganzes Leben nicht vergessen werde. Da ich hier keine Fahrzeugerprobung durchführte, sondern nur Teile besichtigte, nahm ich mir am Sonntag frei. Ich fuhr frühzeitig los, um die Everglades zu besuchen. Am National-Museum angekommen, mietete ich mir ein Fahrrad, um die ca. 22 Kilometer lange Strecke durch den Park bei herrlichem Wetter zurückzulegen. Bereits nach wenigen Kilometern lagen auf dem Fahrradweg Alligatoren kreuz und quer wie tot in der Sonne. Zuerst stutzte ich natürlich und stieg in ausreichender Entfernung vom Fahrrad. Die Viecher rührten sich überhaupt nicht. Was sollte ich jetzt tun? Zurück fahren oder dran vorbei fahren? Weit und breit war niemand zu sehen. Also entschied ich mich für das Vorbeifahren. Vorsichtig näherte ich mich dem ersten Ungetüm, das mir glücklicherweise den Schwanz zustreckte und nicht das Maul. Aber nichts geschah. So wurde ich immer mutiger, konnte sogar die Geschwindigkeit steigern und machte mir bald den Spaß, um die leblosen Körper herum Slalom zu fahren. Als ich jedoch ein Tier leichtsinnigerweise mit dem Vorderrad berührte, verging mir der Spaß. Es riss plötzlich sein Maul auf, schleuderte sich herum und verschwand lautlos im Wasser. Ich kam heil zurück!

29. Kapitel

Mittlerweile war ich 58 und desöfteren stellte ich fest, dass meine innere Uhr Zeitverschiebungen, Temperaturunterschiede und Ähnliches nicht mehr so mir nichts dir nichts wegsteckten. So erlebte ich abends beim Fernsehen kaum noch die Nachrichten, weil ich im Sessel eingeschlafen war.

Da sprach sich herum, dass es die Möglichkeit eines Vorruhestandes gab. Zur selben Zeit überlegte unsere Bundesregierung, den Renteneintritt auf 67 anzuheben. Das schmeckte der Industrie gar nicht. Die älteren Mitarbeiter waren in den höchsten Gehaltsgruppen. Für das gleiche Geld konnte man also zwei Jüngere einstellen, was sich zwar auf den ersten Anschein finanziell rechnete, aber durch die mangelnde Praxis wurde dieser Vorteil wieder egalisiert. Doch diese Erkenntnis drang erst später zu den Personalfuzzis durch ...

Es existierten zwei Listen, auf denen die Namen von denen registriert waren, die sich für einen Vorruhestand interessierten. Bis zu diesem Zeitpunkt hatte ich noch nie in Erwägung gezogen schon mit 58 Jahren aufzuhören. Trotzdem informierte ich mich bei meinen Vorgesetzten, was diese Listen bedeuteten.

Auf der einen Liste waren diejenigen vermerkt, die man ohnehin loswerden wollte und auf der anderen waren Interessierte notiert, die das Unternehmen zwar behalten wollte, aber für die um 50 % geringere Rentenabzüge bei vorzeitigem Ruhestand ausgehandelt waren. So wollte ich bei meinen Vorgesetzten meinen Marktwert ermitteln und ließ mich natürlich auf die bessere Liste setzen, wo ich dann auch bis zur Vertragsunterzeichnung blieb. So wurde vereinbart, dass ich bis zum Renteneintritt noch zwei Jahre aktiv und dann zwei Jahre nebenbei für mein Unternehmen arbeiten sollte.

Nur leider kümmerten sich meine Vorgesetzten nicht darum, wann ich denn eigentlich aus dem Unternehmen ausscheiden würde.

Nach Beendigung meiner letzten Dienstreise fragte ich meinen Abteilungsleiter, wann denn meine aktive Arbeitszeit beendet sei. Als er mich anblaffte, dass ich das selbst wissen müsse, eröffnete ich ihm - jetzt auch sauer -, dass ich heute den letzten Tag in seinen Diensten wäre. Da er sich an diesem Tag nicht mehr meldete, erledigte ich meine Reiseabrechnung und einige Dinge, die mir dann erlaubten, am kommenden Montag nicht mehr zu erscheinen.

So hatte ich keine Zeit mehr, meinen Schreibtisch und die Schränke nach 34jähriger Tätigkeit in dem Büro auszuräumen. Was aus den Sachen wurde, war mir egal. Nur einmal musste ich nach über zweijähriger Abwesenheit meine Abteilung aufsuchen, weil die Reiseabrechnung meiner letzten Reise verbummelt worden war und ich auf die Bezahlung meiner Auslagen von 4000 € und den noch nicht verrechneten Überstunden bestand.

So war also mein Abschied aus meinem Arbeitsleben, das ich nur bei diesem Automobilhersteller verbracht hatte.

Natürlich fällt man zunächst in ein tiefes Loch. Hinzu kommen Eheprobleme, denn man bringt mit der ungewohnten Anwesenheit den ganzen gewohnten Tagesablauf der Frau im Haus durcheinander. Deshalb ist es ratsam, sich vorher schon gründlich zu überlegen, womit man sich in Zukunft beschäftigen will. So spielte ich ab sofort jeden Tag Tennis. Außerdem nahm ich die an meinem Haus anfallenden Reparaturen und Renovierungen, die in den letzten Jahren aufgeschoben worden waren, in Angriff. Das nahm mich in Anspruch und ist bis heute nicht beendet.

Außerdem wollten einige Zulieferer weiterhin meine Erfahrung nutzen. Es war in der gesamten Branche bekannt, dass ich nicht nur im Fachgebiet verwurzelt, sondern Tag und Nacht mit meiner Gedankenwelt beim Auto war - ein Freak eben. Darüber freute ich mich sehr und es gab mir das Gefühl, nicht vergessen worden zu sein.

Dass heute die Erfahrungen der Älteren fehlen, spiegelt sich auch in dem neuesten Power-Bericht über unsere neuen Modelle wieder. Danach sind wir nach dieser Ausscheidungwelle im Jahre 2002 von allen Automobilproduzenten auf den viertletzten Platz abgefallen, was natürlich der Vorstandsvorsitzende und auch der Aufsichtsratschef auf der letzter Aktionärsversammlung im Mai 2012 nicht erwähnten. Verständlich, alles kann man schließlich auf so einer Sitzung nicht anbringen ... und so ist mein Ausscheiden immerhin an einer Statistik erkennbar.

Ein weiterer Grund für das schlechte Abschneiden war, dass immer mehr Zulieferer wegen des hohen Kostendruckes von Löhnen in Deutschland ihre Fertigungen in Billiglohnländer wie China, Brasilien, Mexiko, Tschechien, Spanien, Polen und Ungarn verlegten. Dabei mussten sie allerdings feststellen, dass dort die Qualitätsminderung infolge des mangelhaft ausgebildeten Personals erheblich war. Auch entsprachen die Maschinen und Materialen nicht den bisherigen Vorstellungen.

Dazu ein Beispiel aus einer anderen Branche: MÄRKLIN - hundert Jahre lang ein Top Unternehmen in Baden Württemberg. Der neue Eigentümer (aus der Spezies Heuschrecken) drehte erbarmungslos an der Kostenschraube - China hieß das Zauberwort. Dort hatte man allerdings bei Spielzeug ein anderes Verständnis als im Schwabenland. Es dauerte ein paar Jahre und die ehemals treuen Eisenbahnfans wendeten sich anderen Herstellern zu, die jahrzehntelang MÄRKLIN nicht das Wasser reichen konnten. Die Firma war insolvent, trotz in den Keller gedrückten Zulieferpreisen.

Doch zurück zum Auto und zu meiner Beschäftigung bei den Zulieferfirmen. Um nicht unangenehm bei Kunden aufzufallen, wurde ich von ihnen gebeten, die Ursachen der Schrottproduktion zu ermitteln und abzustellen. Häufig war zunächst notwendig, den Angestellten zu erklären, was passieren würde, wenn derartige Fehler bei ihnen im Betrieb nicht erkannt und später auftreten würden. Welche Folgen Unachtsamkeit in Bezug auf die Sicherheit und auf Kosten verursachte, begriffen sie nur allmählich. Dass die Menschen im Arbeitsprozess durch diese Bewusstseinsbildung die Folgen ihrer Nachlässigkeiten erkannten, war vielleicht wichtiger als das technische Problem an sich. Der MENSCH steht im Mittelpunkt! Dadurch wurden diese Mitarbeiter motiviert und vermieden engagiert Fehler. So manches Mal musste ich jedoch - hauptsächlich bei Sicherheitsteilen - spezielle Prüfeinrichtungen entwickeln und in der Fertigung installieren. Auch wenn die Betriebsleiter versicherten, eine 100 % manuelle Prüfung vorzunehmen, war das bei sicherheitsrelevanten Teilen nicht zuverlässig genug. Jemand, der mehrere Stunden ein Teil anstarrt, übersieht viele Dinge.

Als Resümee der Erkenntnisse aus meinem Berufsleben kann ich sagen, dass der Job eines Versuchsingenieurs im Automobilwesen zwar hin und wieder gefährlich ist, aber auch Freude und Raum für Eigeninitiative und Kreativität lässt. Trotz vieler Rückschläge und Intrigen, die aus Missgunst und Neid hervorgingen, habe ich immer versucht, mein bestes für die Firma zu geben, bei der ich auch gutes Geld verdient und viel von der Welt gesehen habe.

Natürlich sind mir bei der Ausübung meiner Tätigkeiten in den Jahren Fehler unterlaufen. Von denen ich einige gravierende beschrieben habe.Doch keinen Fehler macht nur der, der nichts tut.

Deshalb hätte ich gern gesehen, wenn meine einzige Tochter nach einem Maschinenbaustudium in meine Fußstapfen getreten wäre und ich ihr meine Erfahrungen und mein Wissen hätte weitergeben können. Aber es kam anders ... und daran war ich nicht ganz schuldlos.

Für ein Schulpraktikum vom Gymnasium besorgte ich ihr einen Praktikumsplatz bei einem mit mir befreundeten selbstständigen Architekten. Dabei entdeckte sie ihre Leidenschaft für den Architekturberuf, sodass sie nach dem Abitur ein sechsjähriges Architekturstudium absolvierte und dieses mit Auszeichnung abschloss. Was darauf schließen lässt, dass ihr dieser Beruf ebensoviel Freude machen wird, wie mir der meine und darauf kommt es letztlich an.

Seitdem meine Brüder und ich Rentner sind und uns noch guter Gesundheit erfreuen, erlauben wir uns jedes Jahr gemeinsam mit unseren Frauen einen großen Segeltörn auf der Ostsee. Beim Relaxen an Deck lasse ich manchmal so manche der hier im Buch geschilderten Erlebnisse Revue passieren. Wobei es mir heute noch so manches Mal heiß und kalt den Rücken hinunterläuft,.

Eine kleine Hoffnung habe ich noch, mein Wissen weitergeben zu können. Schließlich habe ich inzwischen zwei Enkelkinder Mira Marie (geb. 2008) und Raphael Ravi (geb. 2010). Es könnte schließlich sein, dass sie ihre Neigung für das Automobil

Der Autor mit seiner Familie vor einem Segeltörn.

Hier mit seiner Frau beim Seglerfrühstück.

entdecken und sich später ebenfalls für die Entwicklung von Automobilen entscheiden.

Seit Mai 2012 steht nun fest, dass ich im Oktober zum dritten Mal Großvater eines Mädchens werde, was meine Chancen noch erhöht, denn auch Mädchen interessieren sich immer mehr für Technik und beginnen Ausbildungen in Metallberufen am Schraubstock, so wie ich einst am 1. April 1961.

In »allerletzter« Minute kommt diese Erkenntnis von »oben«, auf die ich in meiner Aktivzeit lange warten ... um nicht zu sagen betteln musste.

In der Braunschweiger Zeitung vom 14. 08. 2012, schreibt Hendrik Rasehorn:

MENSCHEN

Worauf **Ulrich Hackenberg**, achtet, wenn er erstmals vor einem neuen Automodell aus dem VW-Konzern steht, verriet er einem Reporter der Welt vergangene Woche bei einer China-Reise: auf die Türen. Das Öffnen und Schließen müsse leicht und ohne Widerstand funktionieren. „Wie ein warmes Messer, das durch Butter schneidet", erklärte der VW-Entwicklungschef.

Dr. Ulrich Hackenberg, Mitglied des Markenvorstands Volkswagen, Geschäftsbereich 'Entwicklung', wurde am 12. Mai 1950 in Herne (NRW) geboren. Nach Abschluss des Studiums für Maschinenbau an der RWTH Aachen war er von1978 bis 1985 am Institut für Kraftfahrwesen als Assistent tätig. Er leitete dort unter anderem den Forschungsbereich Fahrzeugdynamik und baute die Vorlesung Kraftradtechnik auf. Ulrich Hackenberg promovierte im Fachbereich Fahrzeugtechnik mit dem Thema "Stabilitätsverhalten des Systems Fahrer-Kraftrad-Straße".1985 wechselte Ulrich Hackenberg zur AUDI AG, wo er innerhalb der Vorentwicklung die Leitung der Hauptgruppe Fahrzeugmechanik übernahm. 1989 folgten Aufgaben als Technischer Projektleiter Audi A4, Leiter Fahrzeugkonzepte und Technische Projektleitung der gesamten Produktpalette.

Danksagung

Dieses Buch wäre ohne das Verständnis und die Geduld meiner Frau nie zustande gekommen.

Selbstverständlich habe ich mich auch zahlloser Helfer bedient, denen ich hier ebenso meinen Dank abstatten möchte.

Weiterhin möchte ich mich beim STERN, MERCEDES BENZ, der WELT, euroncap, ralleyebilder 24 und der Braunschweiger Zeitung für die Überlassung von Bild- und Textmaterial bedanken.

Königslutter, August 2012

Rüdiger Kammerhoff

ESCH VERLAG

Friedrich Strassegger

Der
GRENZGANG

Die Vita eines Fluchthelfers, der gegen Bezahlung Menschen aus der DDR in den Westen schleust und dabei aber Stasi und MfS gehörig unterschätzt.
Detailliert schildert der Autor (der selbst in diesem Genre tätig war), wie diese illegalen Ausreisen geplant und durchgeführt wurden. Letztlich geht er der Stasi in die Falle und wird im berüchtigten Stasi-Gefängnis Berlin – Hohenschönhausen inhaftiert.
Dort erfährt er dann am eigenen Leib was „krümmen“ bedeutet und dass es wesentlich grausamere Methoden gibt, als jene der brutalen Folter, um einen Menschen zu brechen.
Faszinierend und spannend bis zur letzten Zeile.

Taschenbuch 400 Seiten EUR 12,60 (D)
ISBN 978-3-3943760-18-7